内在的力量

——实现高势能人生

The power within

作者简介

路　侠

本名路霞，著名心理学导师。1976年出生于中国山东。20岁成立自己的工作室，帮助大众解决人生、家庭和事业上的困惑。在世界各地组织论坛、讲演、公益活动，进行咨询、培训，并著书立说，曾出版《内在的力量——在潜意识里与自己相遇》。

她先后开设了“归源养生”“赢在未来——潜意识智慧开发”“智慧女人”“读心销售”“心灵相约”“生命势能重塑幸福人生”等课程，帮助人们缓解生活和事业中的精神压力，疗愈心灵，受众广泛，颇受好评。

内在的力量

——实现高势能人生

路　侠◎著

团结出版社

图书在版编目（CIP）数据

内在的力量：实现高势能人生 / 路侠著 . -- 北京：团结出版社，2024. 10. -- ISBN 978-7-5234-1281-7

Ⅰ . B848.4-49

中国国家版本馆 CIP 数据核字第 20247KH510 号

出　版：团结出版社

（北京市东城区东皇城根南街84号　邮编：100006）

电　话：（010）65228880 65244790

网　址：http://www.tjpress.com

E-mail：zb65244790@vip.163.com

经　销：全国新华书店

印　装：三河市兴达印务有限公司

开　本：170mm × 240mm　16开

印　张：17

字　数：175千字

版　次：2024年10月第1版

印　次：2024年10月第1次印刷

书　号：978-7-5234-1281-7

定　价：68.00元

序言

2014年我创作了《内在的力量：在潜意识里与自己相遇》一书，隔年出版发行。当时的社会面临物质文明发达与精神世界崩塌的扭曲与撕扯，是一个心灵断裂的时代，人们普遍痛苦、迷茫，找不到出路。我洞察到这一点，便创作了《内在的力量：在潜意识里与自己相遇》一书，教授人们如何在心灵危机中获得能量，解决工作、学业、婚姻、家庭中的问题，活出幸福的人生。我在这本书中前瞻性地指出潜意识中蕴含着无穷能量，是家庭幸福、事业成功、人生圆满的终极秘密，还提出了排除负能量、链接宇宙能量、还原本我等概念和实现的路径。实践出真知，十年来这些理念在生活中得到广泛的验证，让很多人从中受益。

十年后的今天，这个世界没有变得更好，反而面临更大的挑战：局部战争频发，环境持续恶化，科技发展不断颠覆人们的认知，不同种族、阶层人群更加对立，甚至还爆发了一场席卷全球的疫情，这些既宏大又让每个人切身感受的危机不得不让人思考一个问题：人类文明将走向何方？我们个体又该如何在大变局中安放自己的肉体和灵魂？

我一直强调，要在不同阶段用不同的方法渡当下的人，要做出适应人类文明发展的法则，做出适应人类当下活着的法则。十年后的今天，我们需要新的法则，以应对当下的局势，这也是我创作这本书的目的。21 世纪第三个十年，这个阶段人类最需要的是什么法则？我们追求幸福人生路上最重要的是什么？我的答案是和谐。人类普遍向往幸福平安，人们呼吁和平，反对战争，向往和谐，这是全人类的心声。本书中无论讲到什么路径，最终都是为了实现和谐，和谐的人生便是幸福的人生。

无论你是什么人，什么肤色、什么国籍、什么信仰，寻求的都是和谐的人生、幸福的人生，这种放之四海皆成立的法则便是生活的实相、人生的实相，也是世界和宇宙的实相，因为它精准把握住了人生与生命的脉象，这便是当下需要的法则。

引领人类发展、重塑幸福人生的关键在和谐，那该如何实现和谐？当我们站在宇宙的角度俯视，人类充满危机，但想要得到改变，需要每一个具体的人落地践行，所以获得和谐、幸福人生，每个人都要先从自己开始，我们要学会拯救自己。一个人如果自己都不和谐，与自己的心都不和谐，就会产生两个我：自我和本我。我们拯救自己，就是要平衡好两个我之间的关系，绽放本我，重塑自我，如此生命势能才会强大，才能得到和谐人生、幸福人生，具体方式包括：开发潜意识、排除负能量、做好人道、增强感知力等，这些都将在本书中详细介绍。

人类文明还在高速发展，尤其是以人工智能（AI）为代表的科技领域，将彻底改变人类的生活方式。我也坚信未来的人类将超越物质层面的追求，灵魂层面的提升将得到普遍重视，成为每个人的必修课，这些可能是我下一本书的主题。但无论是现在追求幸福人生，还是将来追求灵魂提升，有一点是不变的，那就是我们必须先要自己和谐，和谐这一主题将贯穿始终。过去30年，我从国内走向国际，从东方走向西方，拼命做着一件事情，就是和谐自己、和谐家庭、和谐全世界。此时距离我上一本书的创作已经过去10年，希望在接下来的10年内，我们共同努力，爱心一路虔行，能够引领更多人的思想走向和谐，重塑幸福人生。

幸福人生没有统一标准，每个人有自己的生命势能，所以我一直主张让每个人在自己基础上修行，找到真正属于自己的生命势能，找到属于自己的幸福。本书的主题归根结底还是要帮助人们过上一种更好的生活，把当下过好。我很清楚每个人来到我面前想要寻求什么，我要做的就是让他们在自己的基础上好起来，否则我的存在就没有价值，没有意义。所以这本书一定是谈具体的生活，谈当下的生活，谈如何满足当下人的愿望。这是一本落地的书，相信本书面世后，无论是领袖、企业家、管理者，还是普通人，都能找到需要的答案，从中受益。

历史滚滚向前，相信100年后，今天的战争、疫情、生态失衡及人类文明遇到的其他重创和挑战都将载入历史。到那时，未来的人类，包括我们的子孙后代，追忆起今天，会记得曾经有一个人在那个特殊年代创作了这样一本书，努力引领人们的思想，感召和感化人们的行为，她贡献了所有的智慧，完成了自己的使命，倾尽全力为大家、为社会、为人类文明发展做了一些事情。这也是我努力创作本书的意义。

目录

第一篇　生命势能决定幸福人生

第二篇 开发潜意识，绽放生命势能

第一篇

生命势能决定幸福人生

第一章

人生之问：你为什么不幸福？

第一节　何为生命势能

1.1 你的人生为何如此失败？

我为什么总是不成功？

我的工作为什么总是没有起色？

我为什么总是与领导吵架？

我的婚姻为什么会破裂？

我为什么总是处理不好与父母的关系？

我的孩子为什么总是和我对着干？

我为什么总是没有财运？

我的人生为什么一塌糊涂，如此失败？

…………

你的人生是否也面临这些难题，感觉陷入一种困境，生活、工作、感情一团糟，人生如乌云蔽日，找不到路，见不到光，看不见希望？

每天都有咨询者带着这些问题来到我面前，很多人会问：路老师，活着怎么这么累？还有很多人自问：我怎么就活成了现在这副模样？这些问题中充满了对自己人生的不满。这种不满有的是因为家庭不和睦，夫妻感情破裂、子女叛逆；有的是因为工作不顺利，被领导批评、被同事排挤、面临失业危机；有的是因为个人成长遇到瓶颈，内心迷茫，没有方向、躺平摆烂；还有的是因为身体健康出现问题，或者控制不住情绪……这都是一个人生命势能不足的体现。

幸福人生的核心是和谐，人生不幸福、不和谐的根本原因是生命势能不足。“生命势能”这个概念是我授课、做咨询的30年间，结合成千上万真实案例，经过不断研究探讨与实践，最终给出的人生答案。本书也将围绕生命势能，详细阐述生命势能的意义、特征及如何通过开发潜意识获取和提升生命势能，帮助有需要的人走出人生危机，重塑幸福人生。

何为生命势能？“势能”是物理学的一个术语，原指储存于一个系统内的能量，它可以释放或者转化为其他形式的能量。我认为每个人的生命中也蕴含着一股能量，经过开发可以被释放或者转化为其他形式的能量，影响和改变人的生活和命运，我将其命名为“生命势能”。

生命势能是生命的能量。生命势能高的人生称为高势能人生，拥有高势能人生的人称为高势能人士。现实生活中，每个人起点不同，条件不同，梦想不同，高势能人生的标准也不同，一个人只要在自己的基础上达到心里想要的点，他就实现了自己的高势能人生，所以说每个人都有自己的高势能人生，我能帮助那么多人走出困境，收获幸福，就是因为帮助他们提升了自己的生命势能。

当下社会已经表现出普遍的心理危机。曾经有一位心理学教授做过一个调查，结果显示当今青少年群体普遍“学习无动力，对真实世界无兴趣，社交无能力，对生命价值无感受”，并称之为“四无现象”。这和我接触、观察到的结果是一致的。这一代青少年沉迷于游戏与各种社交媒体，消极应对世界，而这还只是社会的部分缩影。成年人的世界更残酷，他们要应对家庭和工作，上有老下有小，无处不在的竞争压力让他们喘不过气，更不敢任性妄为，陷入“卷不动，躺不平”的困境……这种背景下，越来越多的人开始焦虑不安，有的人到哲学和宗教中寻找“精神的庇护所”，结果迷失在一堆概念中，无法与当下生命的体验和困境链接。人们开始盲目无助，社会上开始流传“上班不如上香，求学不如求佛”，这都是精神压力找不到出口的表现。面对整个社会普遍的心理危机，生命势能的觉醒与提升成为当务之急。

我身边有很多生命势能觉醒的案例，有一个跟随我十多年的学员，自愿来我身边协助工作，甚至还特意提前办理了退休，我曾问过她为什么这么做，她给我讲了两件事情：

第一件事情，她在人到中年时，发现一个现象，身边很多老人本可以给晚辈很多指导，结果却是大部分人给不出积极正向的建议，反而不停念叨几十年前那些陈芝麻烂谷子的旧事：年轻时给谁办了个事，自己还搭上了钱，结果连句感谢都没收到；小时候父母偏心其他的兄弟姐妹，自己既愤懑又不甘心，至今耿耿于怀……鸡毛蒜皮的事情像是一座座无法跨越的高山，密密麻麻地充斥在他们的心间，每天处于指责抱怨的负能量中。这让她不禁去思考，如果人生就是稀里糊涂地来，浑浑噩噩地走，走到人生的尽头，也只是活出了人生的低层次、低格局、低境界，那么活着的意义是什么？人生的意义又是什么呢？

第二件事情，2012 年，她在我的课上听到我讲自己的愿望和使命是帮到这个社会上更多的人，她明白了，原来一个女人也可以拥有自己的工作和事业，可以活出自我。联想到我奔波在世界各地开课、咨询助人，孩子发高烧 39.8℃都没有办法照顾，她感悟到一个人除了小我还有大我，这是生命更高层次的意义。此后的日子里，她只要有时间都会来我这里工作，从力所能及的事情做起。用她的话说：“路老师已经点亮了我的心灯，它照亮了我未来的人生之路，让我觉得人生可以活出不一样的意义和价值。”

这是一个很好的生命势能觉醒的案例，这位学员找到了生命的意义，找到了人生目标，并愿意为之一步一个脚印去行动，她的生命势能再次燃起，她的生命重新焕发了活力。

孔子讲：“朝闻道，夕死可矣。”德国著名哲学家尼采说：“当一个人知道自己为什么而活，他就可以忍受任何一种生活。”东方的孔子、西方的尼采，讲的都是一个人要知道为什么而活，知道如何去活，这种可以战胜一切的能量便是生命势能迸发出的能量。

所以，当有人问：我的人生为何如此失败？我会告诉他，因为你的生命势能太低，你需要提升生命势能，让生命势能觉醒。

1.2 你的生命势能在哪里?

大千世界，芸芸众生，每个人起点不同，条件不同，梦想不同，高势能人生的表现也就不同。秦皇汉武，帝王将相，高势能人生体现在开疆拓土，立国安邦；李白、杜甫、白居易，一代文豪，高势能人生体现在文章斐然，流传千古；卫青、霍去病、李广，一代名将，高势能人生体现在武功盖世，保家卫国；奥运健儿、体育健将，高势能人生体现在奋勇拼搏，为国争光……

一代伟人追求的是改变世界，开辟新天地，这是他的高势能人生。有的人追求物质上的成功，有的人追求精神上的富足，还有人追求一种简单、愉悦的生活，有的人想去大城市生活，有的人就想在老家种地，只要他们在自己的生存基础、认知度上达到一种开心的生活状态，那么这就是他们的高势能人生。说到我自己，从业 30 多年，我一直将“和谐个人、和谐家庭、和谐社会、和谐世界”作为奋斗的方向，每天努力工作去实现这个目标，也是在建造自己的高势能人生。

高势能人生没有统一标准，在生命势能提升的道路上，不要与他人攀比，要向生命深处掘取自己的能量，走自己的道路，修炼自己的人生。正所谓八万四千法门，皆可成佛，每个人要坚守自己的法门。

我也劝告很多家长，并不是所有孩子都擅长考试，不是每个孩子都能考上名牌大学，但这并不意味着孩子的一生将黯淡无光，低人一等。世间万物不可能千篇一律，世界丰富多彩，人生道路万千，要相信并鼓励孩子树立适合自己的追求，走自己的道路，将天赋与使命发挥到极致，实现自己的高势能人生。

生命势能可以让一个平凡的人破茧成蝶，可以让一个身处困境的人逆风翻盘，可以让站在高处的人更上一层楼。大鹏一日同风起，扶摇直上九万里，生命势能就是这股可以帮人逆天改命、直上云霄的大风，这就是生命势能的伟大能量！

每个人的生命势能不一样，不代表每个人的生命势能是一成不变的，命运可以被改变，生命势能的高度也可以得到拓展。每个人的生命势能都有上升空间，这个通道不是锁死的。只要打通生命势能的上升通道，人人都能改变命运，成就高势能的人生。我一直强调生命势能是在自己的环境里、基础上、认知上做到开心，所以如果想要进一步提升生命势能的高度，需要改变自己的环境，提升自己的认知。有了更大舞台，才可以拥有更高的目标，站得更高才能看得更远。我经常对一些刚进入社会的年轻人说，人家不可能聘请你做高管，你还没有资历，你要先从底层干起，慢慢提升生命势能，为自己积累资本。

如果你想要改变自己的环境，提升自己的认知，需要补充能量。有的人自身生命势能不够，能量不够，得到了也会失去。所以我对一些人说，你这个人承载不了这个身价的福报，就算你挣了很多钱，最后还是会在一个地方花掉。很多人突然发了一笔横财，结果很快挥霍掉，甚至有人把命也搭上了，都是这种情况。所谓厚德载物，也可以这样来理解：当你想要有更高的生命势能，需要先积攒能量，当你能量层面具足了，才能承载更大的梦想，你就可以去追求更高的目标，拥有更高的生命势能；当你能量还不足的时候，就要脚踏实地去做自己，也就是我常说的，不要做超出自己认知的事情，要活在当下。

很多人能量不足，也不知道如何才能让自己提升能量，那么想要提升生命势能就需要借助高人的帮助。本书便讲述了大量提升生命势能的方法，这些方法来自我三十年的实践经验，有理有据，知行合一，能切实帮助大家补充能量，提升生命势能。

这三十年间我见过太多人生悲剧，原本每个人都有自己的生命势能，都有成为高势能人士的潜力，这是上天的馈赠，是每个人的幸运，但不幸的是多数人终其一生碌碌无为，不懂如何开发自己的生命势能，让这份原本可以改变人生的“良药”被闲置、浪费。每当看到有些人一边痛苦找不到出路，一边守着答案却不自知，好比一个人攥着一把好牌，却输个精光；一个人捧着个金饭碗，却沿街乞讨，食不果腹，让人格外痛心。这让我更加坚定，一定要传播生命势能的知识，传授提升生命势能的方法，让更多人通过提升生命势能改变人生，实现自我价值。

第二节　生命势能的四个层面

提升生命势能的过程就是修炼和谐人生、幸福人生的过程，这个过程如同攀登，从和谐自己到和谐家庭、和谐社会、和谐世界，生命势能越高，人生和谐的程度越高。中国古人讲“穷则独善其身，达则兼济天下”，有的人只能做到和谐自己，而有的人能做到和谐世界，虽然每个人都有自己的高势能人生，但如果想要实现更高层次的和谐与幸福，可以按照这个路线循序提升。

2.1 和谐自己：如何处理好与自己的关系？

和谐自己是高势能人生的基础，一个人只有把自己搞好了，才有能力去和谐家庭、和谐社会、和谐世界，这也就是我经常说的：你要和谐自己，必须先要让自己顺利。那些来到我身边找我求助的人，我也会想办法先让他们自己顺利，把他们自己的状态调整好。

和谐是一种状态，也是一种关系，和谐自己指的是和谐与自己的关系。普通人在自己的基础上、环境里得到愉悦和开心，就是他们的高势能人生，这种关系看似简单却很难达到。俗话说“天下本无事，庸人自扰之”，但我们身边大部分人都是庸人，就是喜欢跟自己较劲，怎么办呢？我们要做的是找到和谐自己的关键点，找到能使人愉悦和开心的关键点，剖析清楚，让大家都能领会和照做。

和谐自己需要完成思想、身体、潜意识几个层面的和谐。

和谐自己首先是思想和谐。

思想和谐即表现为三力清晰正确，三力即辨别力、分析力、判断力，是一个人认识世界、解决问题的根本能力。一个人三力清晰的时候，才能做出正确的决策，导向成功。可以说，一个人成功的主要原因便是三力清晰，不成功的主要原因是思维意识中有太多负能量，导致三力出错，所以和谐思想便是清除思维意识中的负能量，让三力清晰。

和谐自己的第二个层面是身体和谐。

没有一个健康的身体，我们在这个世界上的一切修行无从谈起，所以要格外注重身体的和谐。我们平时吃五谷杂粮，周围的环境、心情、情绪都会造成身体压抑，导致气血不通。

关于饮食，俗话讲祸从口出，病从口入，糖尿病、痛风等疾病都与饮食关系密切，所以在食物的选择、营养的搭配和饮食习惯等方面，都应当重视；关于环境，无论是阴晴雨雪，还是空气污染，人的身体都容易受到影响，所以要注意外部环境的变化，保护自己；关于情绪，心情压抑、情绪崩溃、精神上长时间亢奋等都会导致抑郁、自闭、狂躁、心神不宁，最终把一个人压垮或者逼疯。

饮食、环境、情绪给身体健康带来的侵害，最终都以负能量的形式留在身体中，如果得不到及时清理，便会以疾病形式表现出来。中医中有一句常用的术语，“通则不痛，痛则不通”。我引入这个理念，以排除负能量的方式帮助人们排泄、清理身体中的垃圾和毒素，效果显著。

和谐自己的第三个层面是潜意识和谐。

潜意识埋藏在思维意识之下，是一个人意识和精神的主宰。潜意识中蕴含着无穷的能量，既有正能量，也有负能量，如果意识里面的负能量太强大，也会直接影响到潜意识里面的智慧和能量。与潜意识和谐相处，指的便是积极开发潜意识中的正能量，清除潜意识中的负能量，用潜意识的正能量重塑自己。

这个世界上 70% 的人只会运用思维意识的智慧和能量，这部分人无论收入水平，还是在工作和组织中的角色，都位于金字塔的底层；有 20% 的人触摸到了潜意识的能量，但并不深入；只有 10% 的人是潜意识能量的真正受益者，社会上的企业家、创新者，各行各业的佼佼者都属于这个群体。人类历史上的伟人、领袖、开创者是站在金字塔尖的一小部分人，他们是运用潜意识能量最多的人，也是最有生命势能的高势能人群。

一个人能做到思想和谐、身体和谐、潜意识和谐，便做到了和谐自己，踏上了高势能人生第一步。

2.2 和谐家庭：你的家庭是有爱的吗？

家庭是社会的基本单位，是每个人停靠和休憩的港湾。家还是一个人诞生的地方，学习、成长的地方，学会关爱的地方，最早塑造自己的世界观、人生观、价值观的地方。总之，家是每个人至关重要的能量场。家庭和谐，才会拥有更高的生命势能；家庭不和谐，后院起火，结果往往是满盘皆输。

一个家庭中主要有父母、夫妻、孩子三代人，每一种关系和谐，家才能和谐。三代人各自扮演着自己的角色，**父母是外因，夫妻是内因，孩子是未来。**一个人从出生开始，特别是上学之前，主要受父母影响，进入学校以后，受学校和老师影响，步入社会后，受父母影响越来越小，这时候父母会逐渐变成外部因素。孩子是家庭的未来，我常说你要知道自己的心在哪儿，孩子就是一个家庭的"心"，是家庭发展的方向与希望。

夫妻关系是家庭和谐的内因，也是主因，需要重点讲解一下。夫妻最好的状态是同频共振，具体表现为三合，即心合、行为合、意识合。

心合指的是两个人心在一起，把彼此视为最重要的人，有包容之心、体谅之心、奉献之心。很多夫妻结婚多年后激情退却，生活变成柴米油盐、一日三餐，对爱人越来越没有耐心，原本无关紧要的小缺点被无限放大，无法容忍。据统计，生活习惯不合、观念不合已经成为离婚的主要原因之一。我常教导有矛盾的夫妻不忘初心，多想一想当初恋爱时的甜蜜，多想一想两个人携手走过风风雨雨的不易。我也要求他们多给对方一些惊喜，制造一些浪漫。人需要的往往很简单，但正是这么点小小的需求都得不到满足，会让人满是怨恨，小事情积少成多，负能量越来越大，会产生巨大的杀伤力。

行为合指的是两个人在兴趣、习惯，以及为人处世的方式、

态度上和谐。共同的爱好能增进感情，如果一个人喜欢户外运动，一个人喜欢待在家里，久而久之共同话题会减少。因为接触不同圈子的人，两个人的差异会越来越大。有人觉得家庭中分工明确会减少争执，比如丈夫只管赚钱，日常生活开支都由妻子负责，这样就不会吵架。但是，摩擦也是两个人增进感情、了解和关心对方的机会，如果连共同完成一件事都做不到，肯定不是正常的状态。

当两个人共同点减少，思想和价值观出现分歧，心合、行为合出现问题，必定导致意识不合，这时候冷战、吵架甚至家暴便会出现，从而导致家中充满负能量。

曾经有一位女士找我咨询，她与丈夫一起做生意积累了不少财富，前几年丈夫进了监狱，后来又监外执行，两个人的生意也一落千丈。这位女士问我如何才能让生意重新有起色，我没有正面回答，因为我知道问题的答案并不在生意技巧上。我让她先收一下自己的脾气，把和丈夫的关系和谐起来、夫妻关系友好起来，我说你把这个问题解决了，你们共同创造的财富不会比之前少。所有的客观因素都没改变，夫妻不和之后生意一落千丈，问题出在哪里是显而易见的。但是这位女士很固执，她说如果让她改掉自己的脾气，那她会抑郁、会疯掉。当两个人的频率开始不一致，心合、行为合、意识合被打破，家庭被负能量充斥，健康、财富、运势都会离这个家而去。

很多人想通过调整风水来改善家里的运势，传统的风水学会让你挪动下家具，改动下窗户和门口的位置，或者给你几个摆件来挡煞。但我觉得相比这些形式上的动作，更重要的是找出和排掉所有家庭成员的负能量，不管是身体、情绪上的，还是思维意识中的负能量，全部排掉。如此调整之后，家里的气场会完全不一样，情绪的“尾气”消失，浊气下降，清气上升，家里的能量场会变得强大。

有人调侃，男人最放松的时候就是把车开到停车场，在车里待十分钟。我希望每个和谐家庭都变得比车里更有吸引力，让每个家庭成员都感觉到在家里才是最舒适、最放松、最温馨、最有能量的，让家真正成为人生的加油站。

2.3 和谐社会：如何与组织互相赋能?

中国传统文化中，一个人想要实现人生价值，要修身、齐家、治国、平天下。我对高势能人生特征的描述，与此有相通之处，和谐自己、和谐家庭便是修身、齐家，接下来便是和谐社会、和谐世界，对应着治国、平天下。和谐自己、和谐家庭是处理好与自己、与家人的内部关系，和谐社会是处理好与他人、组织等外部的关系。

与他人之间的关系应当是坦诚相待，并推己及人，孔子讲“己所不欲，勿施于人”，我常跟大家说人与人之间都是相互的，人心都是肉长的，也是这个意思。

我很早就到新加坡发展事业，通过授课和咨询帮助他人，我在国内和国外有很多学员，他们在与他人的相处模式上差异很大。中国学员到新加坡，会给那边学员带有中国特色的礼物，并且照顾到每个人，但新加坡学员反应淡然，没有人出来组织请客吃饭进行答谢。就算大家一起外出，新加坡学员也只给我准备水喝，对其他人则不够关心。他们有时候会问你是否需要帮忙，比如帮你买瓶水，但帮忙归帮忙，钱还是需要你照付的。后来新加坡学员来中国交流，中国学员尽地主之谊，轮番招待他们。这些新加坡学员跟我表达不解：为什么大家这么热衷请客吃饭？有时候中午吃了晚上还要再吃，有的饭菜吃不完都浪费了。我反问他们，你们觉得这些中国学员有钱没处花了是吗？这是中国的待客之道，是基本的礼仪。另外，你们在新加坡照顾我和孩子的生活，我们也要表达感谢。如果你们感觉不好意思，那你们也可以请他们吃饭。中国学员有礼有节，礼仪做得很到位，你们应该心怀感恩，礼尚往来。在我的引导下，新加坡学员也慢慢消除私心，学会了互动。

很多人觉得西方那种 AA 制没有负担，比较自在，我不反对这种说法，但是我认为只要有人的地方就有交往，就有互动，要用真心换真心，而不是自私自利。我们要在人际关系中增强他人的能量，不去做消耗他人能量的人。

团体组织中聚集了很多个人的能量，形成了自己的能量场，而且每个组织的能量场不一样，同一个组织不同时期的能量场也不一样。有很多书、很多课程、很多导师教人如何融入组织，提升个人在组织中的影响力、领导力，在我看来，所有处理个人与组织关系的道和术归结起来就一点：同频。

一个人所在的组织可能有很多，但归纳起来最重要的组织关系有三种：生活上的组织是社区，工作上的组织是公司、单位，生存和发展传承的组织是国家，和谐社会就是与这些组织同频。

用友爱、善良与社区同频。

社区是日常生活的地方，是每天进出的地方，是安居乐业的地方，社区的能量场里有爱的能量。有的人只顾个人利益，在社区里堆放垃圾、圈占公共绿地，被邻居指责，这种自私自利的人身上聚集了大量负能量，生活也会因此受到负面影响。

中国人讲究远亲不如近邻，和睦的邻里关系不仅让我们的生活环境舒适，遇到困难还会有个帮手。《论语·里仁》讲“德不孤，必有邻”，和邻居处好关系，得有“德”，就是我说的友爱、善良的能量。我经常鼓励大家多做公益，多做善事，从身边举手之劳的小事做起，多参加小区活动，帮助邻里，这便是用友爱和善良与社区同频。

用感恩、奉献和成绩与公司同频。

每个人要知道，你今天的工作和生活是公司给予的，所以要感谢公司给予平台和机会，让自己的才华得以施展，要感谢领导的培养。即便你是老板，你也要知道是公司所有人一起创造了价值，否则也没有你这个老板，所以领导要感谢下属创造效益。大家还要一起感恩市场和客户，感谢衣食父母的支持。

感恩仅仅有发心是不够的，不能停留在口头上，要用奉献和成绩来与公司同频共振。你的每一份工作成绩便是向公司发射的一份能量，能量越大，越能与公司和老板同频，当你能独当一面挑起大梁，一举一动能影响公司的发展，那你的频率就将成为公司的频率。

用忠诚、热爱、同呼吸共命运与国家同频。

中华民族有五千年文明和历史，凝聚了无穷的能量，每一个生于斯长于斯的中国人都受益于这个巨大的能量场。今天的中国繁荣富强，并且还在持续变好，生活在这里的人们是幸福的，可以一门心思去创造美好生活。

国家是个大概念，各地名山大川，锦绣山河，风景壮丽；历代帝王将相，雄才大略；无数千古文章，璀璨绚烂；数不清的英雄豪杰，名垂千古……这些都是国家的一部分，都是值得自豪和传承的伟大能量。

投资界有一个真理：没有一个人可以靠做空自己的祖国而成功。这个真理适用于任何时期，任何地方。覆巢之下安有完卵，我们应该庆幸生长在国运昌盛的中国，需要我们做的就是用忠诚、热爱、同呼吸共命运与国家同频，去链接这股伟大的能量，接受滋养并贡献自己的力量。

2.4 和谐世界：你和人生最高境界差多远？

生命势能越高，人的胸怀和视野越开阔，最后他们不仅关注自己的命运，还会关注环境，关注身边一草一木，关注这个世界的命运。

人是环境的产物，我们是这个世界的产物，是广袤宇宙中的一个个“小宇宙”。全世界已经结为命运共同体，成为地球村，你中有我、我中有你。这里的命运不仅仅指人类的命运，也包含世间万物的命运。

世间万物都有它的使命，完成使命的这段过程就是它的生命。一辆汽车有它的生命，我们知道开车的时候不能猛踩刹车，不能加错油，你爱惜它，它便能多陪伴你几年，你不爱惜它，它可能会提前报废；一张纸也有它的生命，我每次看到有人抽很多张纸，都会提醒他不要浪费，如果你只用一张即可，何必抽很多张呢？这是对纸生命的不尊重。

从生物学和物理学角度来讲，构成一个人和构成一张桌子、一张纸的最小单位是一样的，都是碳原子，只不过排列组合形式不同而已。当一个人和一张纸同时被烧成灰烬，两者更没什么不同。所以说人类有什么可高高在上的呢？尤其是在宏大无边的宇宙面前，人类更是渺小，更应该和世间万物彼此珍惜。

高势能人士对待万事万物没有分别心，会感同身受对待所有人、所有事。高势能的人对待一棵树、一株花、一张桌子、一张纸都像是对待自己的朋友和家人，去珍惜它，爱护它，感受它的磁场和频率。

人类是地球的主宰者，但人类的发展却总是伴随着对这个世界的破坏，长此以往，终有一天人类将面临与自然界的战争，面临与宇宙的战争，人类将损失惨重。如何阻止这一切发生？我们能做什么？我认为唯有改变思维意识，提升生命势能。

世界就像人体生命一样在运转，人的生命被气血带动，五脏六腑不可或缺，世界也是同样，山川是它的骨骼，江河湖海是它的血液，大地是它的皮肤，地下各类矿藏是它的五脏六腑，花草树木是它的装饰……毁灭森林、乱伐树木、开山挖矿、截断水流、污染海洋和空气，就相当于打断地球的骨头，抽干地球的血液，挖掉地球的器官，破坏地球的容貌。人类珍惜自己的生命，注重外貌和衣着打扮，但有没有想过地球也有同样的需求？要感同身受，而非被贪欲蒙蔽双眼，因物质上的过度贪欲而大行毁灭之实。

有一次我们开车经过一处山里，看到被乱开采的大山，被破坏的环境，我跟同行的学员说，看到这个山被炸开，仿佛割了我的肉一样心痛。世界上万事万物都是生命，都有自己的磁场和频率。人类虽然是高级动物，但其他动物和花草树木并非人类的奴隶，它们都是人类在地球上的伙伴，是它们让人类在地球上不孤单，且为人类源源不断地提供生存物资。与世界和谐相处功在当代，利在千秋。我们不能只满足自己当下的需求，应该为子孙后代考虑，留给他们一个美好的生存环境。

如何处理与自然、与世界、与世间万物的关系，这是几千年来各教派和思想家们一直在思考和探索的事情。早在 30 年前我便常说一句话：**宇宙全息，息息相通，紧密相连，这便是缘分。**宇宙全息指的是宇宙中万事万物的全部信息，整个宇宙和人类、万物之间息息相通，紧密相连，这种关系是莫大的缘分。

如何珍惜与宇宙、世间万物之间的缘分，达到和谐世界的境界？首先要站在更高格局上看待世界，思维意识中要有历史观、当下观和未来观，我称之为“新三观”。

人们传统的思考模式有两个弊端，一是只站在自我的角度上思考问题，只考虑自己和身边一小部分人过得好不好；二是只站在当下考虑问题，缺乏历史眼光和前瞻性。我们虽然倡导活在当下，但不能只看到眼前，思想不能短视。新三观要求人们站在历史、当下和未来的不同视角看问题，要站在历史看当下，站在历史看未来；也要站在当下看历史，站在当下看未来；还要站在未来看历史，站在未来看当下。

如果没有历史观，人们就会忘记来时路，忽略今天的生活多么来之不易，不懂珍惜，肆意挥霍与浪费；如果没有历史观，人们就会忘记人类文明的起源，人类诞生的初心：宇宙创造人类是为了和谐地球，而不是残害地球，人类诞生是来和谐众生的，而不是来毁灭众生的。

如果没有未来观，人们不会考虑文明的发展和子孙的繁衍，便不会控制欲望，只为当下的享乐，把所有的资源开发殆尽。现在很多人便是如此，站在当下看当下，只解决自己的问题，只满足自己的私欲，只顾实现自己的目标，杀鸡取卵，竭泽而渔。

当下人类对地球的开发和对世界的破坏已经到了一个极限，已经伤害到了地球上的朋友和同伴，这种伤害甚至已经超出了地球的承受范围。这种对地球家园的破坏触犯了自然的法则，触犯了宇宙的法则。我们明明可以从宇宙中、自然中获得强大的智慧、巨大的能量，为什么偏偏要用这种破坏的方式、伤害的方式去掠夺？同样是发电，阻断河流发电、风能发电、太阳能发电、火力发电，哪种形式更节能环保，对自然环境破坏性更小？同样是开发一座大山，是保持秀丽的景色，保护动物和植物的多样性，发展旅游，还是毁林炸山，开矿采石，哪种开发模式更有益于我们这个社会？人类的发展不可避免要影响到其他事物，但人类可以选择一种更合理的方式去开发。人既然不能只吃素，那是不是所有的动物都可以吃呢？当然不是，很多保护动物、濒危动物、陪伴属性的动物都不能吃。即便是被规模化养殖的动物，屠宰过程中也尽可能地要避免虐杀。

我一直提倡，当你去追求自己想要的东西时，请不要去伤害别人。**人要在平衡的状态下去创造财富，而不是在破坏的状态下创造财富**。这种只为一己私利的破坏，最终会扼杀人类的历史和文明。

总之，和谐世界便是认清“宇宙全息，息息相通”的本质，站在历史、当下、未来的新三观下看待人类的发展，学会平衡自己的欲望去创造，与宇宙万象、天地人合一，这也是高势能人生的最高境界、终极体现。

第二章
能量根源：生命势能源自潜意识

第一节　潜意识是人类精神的主宰

1.1 生命势能源自潜意识

生命势能就是生命的能量，这股能量从何而来？来源于你自己，来源于每个人的潜意识。潜意识是一个巨大的能量储存器，是每个人与生俱来的能量库。

潜意识是心理学术语，指一个人内心深处不易被察觉或者未被察觉的部分。它虽然不易被察觉，却在人类活动中发挥关键作用，是人类精神的主宰，一个人的思想、意识、行为都源自潜意识发出的指令。潜意识研究领域的代表人物、奥地利精神病医师、心理学家、精神分析学派创始人弗洛伊德认为：人的所有意识都起源于潜意识，潜意识是人类大脑中存在的一股强大、神秘、不被察觉的力量，主导着人类的精神世界，是一切行为的驱动力。

如果我们将人的精神世界看作一座冰山，那么意识领域只是那浮出水面的 5%，而潜意识领域则是水面下的 95%，泰坦尼克号撞到冰山沉没，海面下那 95% 的冰山才是起着决定性作用的部分。因为隐蔽性和重要性，潜意识也被称为“隐藏脑”“命运背后的推手”。

一个人能量的高低体现在对信息的接收和处理上，潜意识既是人类的信息储存器，又是下达行动指令的大脑，因此说潜意识是人类精神的主宰。

在存储信息方面，潜意识是一块无限容量的“硬盘”。我们的感知系统每秒钟向大脑输送的信息高达 1100 万比特[1]，但人的意识一秒钟只能处理不到 50 比特的信息，连总数的二十万分之一都不到，其余的信息去哪里了？潜意识此时发挥了强大的储存和处理功能，对所有信息进行了接收和处理，而且这个功能无需开关，自行运转。

当你走在街上，所有看到的画面、听到的声音、嗅到的气味都会成为传送到大脑的信息，如果你的注意力放在前方的红绿灯上，就会忽略掉很多信息，比如刚才经过的店铺是卖什么的，擦肩而过的人穿了什么颜色的衣服，有没有喷香水……你以为这些信息只是过眼云烟，没有在你的脑子里存留，其实不然。当你晚上回到家，认真回想这一天的经历，甚至过了很久再去回想，还是能记起一些事情。是谁在帮你储存这些信息？是潜意识。

[1] 比特，BIT 的音译，计算机专业术语，是信息量单位。

在行动方面，潜意识就像高速运转、永不停歇的电脑的CPU(中央处理器)，给人的行动下达指令。但因为过于隐蔽和低调，常常被人忽视，人们误以为是自己的意识多么厉害，其实意识不过是反映和执行了潜意识的决策而已。

当人们走进超市，拿起一瓶可乐，你问他们为什么买这个牌子的可乐，他们可能会说这个牌子更好喝。真的是这样吗？根据著名的“可乐悖论”实验，一般人并不能区分可口可乐和百事可乐的味道，人们之所以觉得某个品牌好喝，主要是受广告影响，加上一直购买固定品牌的习惯，会让人误以为这个品牌更好喝，这也是为什么可乐厂家每年都会花费巨资邀请明星代言和拍广告。

不要以为潜意识只会影响小的事情，在重大决策上潜意识一样发挥支配作用，比如投资。到底是什么在影响股票涨跌？除了公司经营状况和市场环境之外，背后是否还存在一只看不见的手？美国马萨诸塞大学的金融系教授统计了 1927—1990 年的数据，发现晴天的市场收益率更高，而阴天市场收益率则不理想，前者甚至能达到后者的 3 倍。有人把这个结论扩大到 26 个国家的股市统计中，均得到了验证。

除了天气，还有什么想不到的因素会影响股价？没有人会想到股票代码的发音。对 1990—2004 年纽交所上市股票的统计结果显示，容易发音的股票在上市第一天、第一周、第六个月和第一年的涨幅均超过发音拗口的股票。这种现象在心理学中被称为“流畅度效应”，是指信息表达是否容易被理解会影响人们对信息内容的判断。

这样的案例在生活中还有很多，你以为的理性往往是自以为是，背后另有一个决策机制。你以为自己买可乐买的是口感，其实买的是广告；你以为自己买沐浴露买的是品牌，其实买的是味道；你以为买股票赚了钱是擅长理财，很可能只是运气好。如果赚了钱却不知道怎么赚的，那下次一定会赔得很惨，因为人注定赚不到认知之外的钱。

潜意识是人类行为的源头，我们所有的感受、判断、分析和选择都源于潜意识。潜意识研究领域的另外一位大师、瑞士心理学家荣格曾这样描述潜意识的作用："发生在我们身上林林总总的事情，都有其潜意识因素存在。潜意识在日常生活中似乎发挥的作用很小，事实上潜意识正是我们理性思维的隐形根源。"我说过，智慧来源于你内心的潜意识，聪明来源于你的意识，所以脑子会越用越灵，越用越聪明。做事情累的是心，不是脑，所以不要担心累坏了脑子。

当你认识到潜意识才是我们决策的大脑，潜意识才是我们理性思维的根源，潜意识中蕴含着无穷的能量，恭贺你已经触摸到了高势能人生的大门。

1.2 高势能人士都是运用潜意识的高手

生命势能高的人都是善用潜意识能量的人。想要在芸芸众生中脱颖而出，出类拔萃，意识思维肯定不能是大众化的。当一个人比别人更早认识到潜意识是我们决策的大脑，是理性思维的隐形根源，他便不会受制于人，被操控和收割，并且他还能预测他人的动机，判断他人的行动路线，处处掌握先机，如同开了天眼一般，命运自然得到改写。

我在《内在的力量》中提到过苹果创始人乔布斯，他与苹果的电子产品高度同频，大幅提升了苹果产品的气质。同样，乔布斯也是运用潜意识的高手。与乔布斯相处过的人都知道，他身上有一种特殊的魔力，被称为“现实扭曲力场”，他总能让人们转变想法，围绕着他来转，他想打造的产品一开始看上去像天方夜谭，却又总能实现，如同被施了魔法。

乔布斯大学时迷恋上东方哲学，甚至专门到印度进行了 7 个月的禅修。这段经历对乔布斯影响很大，他后来说：“我在印度学到的东西是，我们需要放下自己所持有的一切观念和信仰，并倾听内心深处真正想要告诉我们的事情。”

潜意识正是我们每个人内心深处真正的声音，乔布斯听到了这个声音，并且运用到了创业中，为这个世界贡献了伟大的产品，今天所有使用电脑和手机的人，都要感谢乔布斯的贡献。

数学界曾经有一位天才，名叫拉马努金，被称为近代印度最伟大的数学家，他的生日被政府定为印度数学日，国际上有两项以他名字命名的数学大奖，此外还有数部关于他的纪录片和传记图书面世。但就是这样一个数学天才，却没有接受过正规的高等数学教育。

1887 年 12 月 22 日，拉马努金出生于印度东南部一个并不富裕的家庭，父亲是小职员，靠微薄的收入养活一家 7 口人。拉马努金 12 岁时对数学产生兴趣，他两次进入大学，都因为把所有精力投入数学研究，导致其他科目不及格，最后被学校开除。他一边打工一边自学，为了节省开支，甚至不用纸来计算，而是反复在石板上书写，写满了再擦掉。就这样，24 岁那年，他发表了第一篇论文。

再后来，在友人的帮助下，拉马努金把自己的研究成果寄到英国，并最终被剑桥大学录取。在剑桥大学的 5 年时间里，拉马努金共发表论文数十篇，并在 31 岁那年当选为英国皇家学会外籍会员以及剑桥大学三一学院院士，这是第一次有印度人取得如此辉煌的成就。后来拉马努金回到印度，但天妒英才，他于 1920 年 4 月 26 日病逝，年仅 33 岁。

拉马努金被称为印度过去一千年中所诞生的超级伟大的数学家。他对现代数学的发展产生了巨大影响，并为后人留下了一笔巨大的数学遗产，光是他独立发现的数学公式和命题就将近 3900 个。他的数学理论在很多领域都得到了广泛应用，包括粒子物理、统计力学、计算机科学、密码技术和空间技术等领域。甚至有专家认为他的一项理论可以用来解释宇宙黑洞的部分奥秘，尽管在拉马努金提出这个公式的那个年代没有人知道宇宙黑洞是什么。

辉煌的成就之外，拉马努金的神奇之处还在于，他发现了很多数学公式却没有给出推导过程。这种直觉的跳跃让其他数学家感到不解。这些成果很多后来都得到了验证，直到今天还有人在挖掘他论文中的秘密。

拉马努金经常宣称在梦中得到了女神的启示，早上醒来之后写下了这些公式，但这样的解释显然无法打消人们的疑虑。但有一点毫无疑问，那就是拉马努金绝非常人，他使用的也绝不是常人所用的能量，他的直觉和感知力超群，这是很典型的潜意识中的能量。

乔布斯和拉马努金都是各自领域中金字塔尖的人物，都是潜意识能量充分开发的高势能人士，这种人古今中外都有，他们代表了潜意识开发的天花板。在此讲述这类人的事迹，剖析背后潜意识的作用，并非让每个人都成为他们，而是提供一种范例和启发：高势能人士都是运用潜意识的高手，普通人虽然在成就上难以望其项背，但每个人都有自己的生命势能，只需要坚定走在开发潜意识的道路上，生命势能得到提升，自然也会家庭和谐，工作顺利，人生精彩。

关于普通人开发潜意识提升生命势能的成效，我的学员中就有很多案例。有两位学员的故事在《内在的力量》一书中出现过，近十年过去了，他们的潜意识得到进一步开发，生命势能有了更大的提升：梁先生十年前在我的指导下，从说话口吃到能上台演讲，从求职被拒到年薪百万，经过这十年来的勤奋努力和不断训练，现在已经具备了感知他人困境、疏导他人心理的能力；韩女士十年前在我的指导下，从普通青年成长为传递大爱的医院骨干，这十年里感知力和生命势能也有了明显提升，在医院里更是号称“活 CT”。在开发潜意识、提升生命势能这条道路上，他们是践行者，更重要的是他们实现了自我价值，帮到了他人。

开发潜意识中的能量是一条艰难的道路，但回报也非常丰厚，当生命势能绽放的时候，生活、工作和人生的高度都会显著提升，内心会充满愉悦。

第二节　三层潜意识三重生命势能

潜意识是人生的主宰，每个人都有潜意识，每个人都有机会成就高势能人生。但是，我们身边的高势能人士如此稀缺，大部分人一生平庸，碌碌无为，原因何在？因为大多数人都在用意识做事情，能调用潜意识能量的人本来就是少数。而且潜意识是分层的，不同层面的潜意识蕴含的能量差别巨大，释放出的生命势能也是天差地别，这就是为什么有的人顺风顺水，成就丰功伟绩，有的人劳苦一生，始终处在社会底层。

那么潜意识分几个层次？每个层次能量的来源是什么？影响力如何？好比海水可以根据深度划分为滨海、浅海和深海，潜意识也分为三层：浅层潜意识、中层潜意识和深层潜意识。三层潜意识中各自蕴含着不同的能量，不同能量携带着不同的信息，对人的影响也不同。潜意识层次的开发深度将决定生命势能的高度。

2.1 浅层潜意识：今生的能量

浅层潜意识位于意识层面之下，是一个人意识层面的能量经过长年累月积攒，慢慢渗透到了潜意识的浅层中。浅层潜意识中，凝聚了一个人从出生到现在所有的经历，汇总了一个人一辈子所有的记忆，好比一个人今生的自传，事无巨细记录了此前的生活，既包括美好的，也包括不美好的，尤其是带来过伤害，造成过创伤的。

浅层潜意识距离意识层面最近，所以最容易反作用于意识，对一个人的行为举止和思考决策产生影响。关于浅层潜意识的表现，典型代表就是原生家庭的影响。

人在儿童时期思维意识比较薄弱，容易受到环境影响。幸福的家庭和良好的家教会在孩子的浅层潜意识中沉淀正能量，让孩子学会爱，懂得分享，有安全感，相信他人；不幸的家庭，总在吵架的父母，充满硝烟的家庭氛围，会在孩子的浅层潜意识中积累负能量，使得孩子胆小、自卑、郁郁寡欢，恐惧亲密关系，甚至长大后恐惧婚姻和家庭，因为他们潜意识中不想重蹈覆辙。

浅层潜意识中的能量具有超长潜伏期，人们自以为忘记了童年的经历，其实记忆潜伏在浅层潜意识中，慢慢释放，影响人的一生。正能量方面，一个人从小养成的好习惯会受用一辈子，不需要刻意为之，潜意识自然会在需要的时候做出正确反馈；那些压抑的负能量、令人痛苦的回忆则会在人脆弱的时候涌现，趁机占领意识，控制人做出一些伤害自己和他人的事情，吵架、抑郁、自我放弃等。一个人童年受到的伤害会烙在潜意识中，伴随这个人一生。

很多人意识不到童年经历对自己的影响，将生活的不如意归结于他人，归结于社会，甚至自我伤害。我会挖掘他们的人生经历，找出问题所在，对症下药，帮助他们走出困境。我接待过很多婚姻不幸福的女性咨询者，发现很多人草率进入一段婚姻，就是因为从小缺乏安全感。当我帮她们找到这个病根，也就找到了解决问题的钥匙。

我接待过一位年轻的女性咨询者，在外人眼里他们家庭美满，夫妻恩爱，但她却无时无刻不充满危机感，这种压力已经让她的精神处于崩溃边缘。她自己也承认老公很优秀，对自己很好，婆婆也是世界上最好的婆婆，老公并没有做过对不起自己的事情，但她就是没有安全感，总觉得自己现在拥有的一切随时会失去，患得患失，忧心忡忡。经过沟通，我知道问题出在她的童年经历，果然她讲起儿时经历的时候痛哭流涕，情绪失控，受到的创伤之大可见一斑。她自述小时候经常被同学霸凌，这段经历成为噩梦，所以她学会了伪装，在别人面前变得强势，以此掩饰内心的敏感、脆弱。每当老公对她有一点点疏忽，不够热心，她就会无限放大，怀疑老公是不是不爱自己了，害怕被抛弃。她哭着说自己不想做强势的女人，只想做被老公疼爱的小女人，外人看到的都是她的伪装……说到这里已经是泣不成声。这样的人我见过太多太多，我让她上我的课程，先将浅层潜意识中的这些负能量排泄掉，再一步步带她走出童年阴影，否则早晚这个家会被她“作”没了。

正是因为知道原生家庭、童年经历的重要，所以我对儿童正能量方面的培养格外关注，我知道这会成为他们一生的财富。正如一句话所说：幸运的人一生被童年治愈，不幸的人一生治愈童年。

少数内心强大的人，自己能够走出浅层潜意识中负能量的泥沼，摆脱牵绊，而更多的人需要借助他人帮助。帮助更多人排泄负能量，开发潜意识中的正能量，正是我写作本书的初心之一。

2.2 中层潜意识：家族的能量

浅层潜意识是一个人今生今世的经历汇总，而中层潜意识是一个人祖祖辈辈和生生世世的能量在潜意识中的沉淀，蕴含着与生俱来的能量。

正因为与生俱来，中层潜意识形成了人最初的能量场。一个人出生在什么样的家族，拥有什么样的家庭条件，都体现在中层潜意识中。中国人自古相信家族有强大的能量，三千多年前的《周易》讲：积善之家，必有余庆；积不善之家，必有余殃。这里的“善”不仅是指行善事，也是指修为、功德、福报和能量。

按照生物学和遗传学理论，一个人的诞生源自精子和卵子的结合，精子来自父亲，卵子来自母亲。往上追溯，父亲来自祖父、祖母，母亲来自外祖父、外祖母，再往上追溯则是列祖列宗。如果祖辈中有优秀基因，那这份能量自然有可能遗传到你身上。同样是历经十月怀胎来到人间，有的人一出生就比别人领先一步。出生在一个功德大的家庭环境中，他的起点就比别人高，运势就比别人强，所以说中层潜意识是一个人的起跑线。

古今中外有很多名门望族，在他们的家族里，家法、家规中的正理念、正思维、正意识和正能量组成一个强大的能量场，再叠加父辈的能量场，祖辈的能量场，家族的能量场，在这一系列强大的能量场中生活成长的人，中层潜意识中充满了正能量。这也是为什么仅凭举手投足，就能看出一个人来自什么样的家庭。我们有时候会说一个人投胎投得好，说这个人前世修得好，祖上积德，指的都是这个人中层潜意识强大。很多人的成功自然离不开自己的努力，但如果不是出生在他所在的家庭，继承了那样出众的条件，这种成功是不敢想象的。

此处要明确一点，富裕的家庭不代表功德高、能量高，毕竟财富是比较容易散尽的，而功德和修为需要长期积累。不懂商道双修的人，功德和能量都很低，往往钱来得快散得也快，树倒猢狲散，所以家族的传承和发展中金钱不是第一位的。

家族有正能量，自然也有负能量，比如家族遗传疾病，有的人一出生就被查出遗传病，饱受疾病的困扰；有的人父辈不幸，留下一个烂摊子或巨额债务，需要“父债子还”；有的人无论如何努力，也阻止不了家业的衰败，背上“败家子”的骂名；还有些家族仿佛被诅咒，总有不好的事情发生，以至于怀疑是不是祖坟出了问题。有的人天生聪明好学，情商高，会办事，也会挣钱，总之能量比较高，但他还是摆脱不了中层潜意识中的负能量的诅咒和影响。按说这个家在他刚接手的时候就要败，是他自身的能量又撑了 20 年，比如 20 岁接手，40 岁才败了，无论个人如何努力，最终都难以改变家业败落的宿命。

有人觉得自己家庭普通，往上数八辈也没出过什么名人，所以中层潜意识的能量与自己无缘。这样的想法是错误的，每个生命来到世间，都是祖祖辈辈薪火相传的结果，有些能量还在聚集，需要时间的积累才会显现。

也有人会问，一个人改变不了出生之前的事情，所以中层潜意识的能量是命中注定的吗？这样的想法也是错误的，我一直讲运势是可以改变的，多少富家子弟从小含着金汤匙长大，住豪宅，坐豪车，读名校，自以为家世显赫，结果还是避免不了家道中落，成为一个又一个“富不过三代”的活教材。

我曾经劝一位女企业家不要装修老店，因为她是接班了父亲的事业，她自身的能量和运势还不足以支撑这家企业运转，是父亲的功德、福报、能量场在继续发挥作用，让这家公司向前发展，不管是供应商还是客户、上下游都在延续与她父亲多年的情谊和信任，她要做的就是守护和延续这份能量，所以不宜重新装修老店，因为那样会破坏父亲的气场，让熟客变得陌生，步入颓势。不过，可以在保留老店的同时，另外装修一家新店，以此完成新老过渡。我跟她讲，你享用了父亲的福报，你也要好好修自己的福报，传承给下一代。能力是锻炼出来的，福报是修出来的，不懂福报、不信因果，结局就是富不过三代。

中层潜意识是与生俱来的，但不是命中注定的，可以通过今世的修为和功德去改变。请记住，你作为家族的成员，你的积德行善也将提升家族的能量场，沉淀、储备成为家族能量的一部分。所以我一直倡导人们要做好人、行善事，为自己也为子子孙孙积攒能量和功德福报。

我自己不管到哪里出差，都记得给家人带礼物，我助理甚至开玩笑说就差给全村人带礼物了。在我的带动下，我的孩子们也有了这个习惯。每次回老家，我也会带孩子们到亲戚那里串门，组织一些聚会。这就是一种传承，我想让孩子们知道，不能让亲情消失，不能让家族的能量消散。可这样的传承在当下越来越稀缺，我在新加坡宏茂桥社区讲课时就提过这个问题，课后一位 80 多岁的老太太拉着我的手不放，感谢我传播孝道文化，她四个子女都是精英、成功人士，生活在世界各地，自己渴望孩子们的陪伴，但无法实现。

我有一位学员，从小对家族亲戚感情比较淡薄，不怎么走动，用她自己的话说，感觉是浪费时间。一方面是因为自己比较忙，另一方面也更愿意沉浸在自己的世界里，一心想把自己的生活过好。她的母亲提醒过她，人不是从石头缝里蹦出来的，不能六亲不认，但她不以为然。等她自己的女儿长大后，她发现女儿也遗传了这一点，就连自己的生日女儿也没有一个问候。她来到我的课堂后，认识到中层潜意识的重要，思维意识得到改变，心被改变，幡然醒悟。如今的她重新投入家族怀抱，时常组织聚会，为家族事务忙前忙后，献计献策，女儿也学会了关爱身边的亲人，家族重新恢复了活力。

每个人都有生命势能，家族也有自己的势能，家族势能体现在中层潜意识中，是绝对能帮助一个人成功的。没有家族概念的人很多遗传自父母，这种人的人情区块链是断裂的。我们每个人都要反省，我们在做什么？我们有没有培养、教育自己的子女为家族做贡献？我们有没有引领当下的年轻人去认知家族的能量，去传承和发展家族的势能？现在的人太自私了，尤其是有钱有势的人，只生活在自己的世界里，要知道危机来临的时候，家人是你最坚强的后盾，最牢固的保障，是能给你的人生兜底的人。

2.3 深层潜意识：宇宙的能量

在一个人今生的能量、家族能量之上是宇宙的能量，深层潜意识承载了宇宙万象的能量，集合了宇宙中古往今来、世间万物和人类生生世世的信息和智慧，包罗万象，博大精深。

电影《超体》中的女主人公随着潜意识不断被激活，身体和思维开始变得敏捷。当潜意识被开发到100%，不但掌握了宇宙中所有的信息，还可以穿越时空，身体随着意识转移到任意时间、任意地点，具备心灵感应能力，能读懂他人的意识，最后甚至肉体消失，变得无处不在，与世间万物合为一体。这虽然是一部电影，但一个人开发深层潜意识、运用宇宙能量的呈现，让人感到无比真实和震撼，可以作为普通人对深层潜意识和宇宙能量认识的一个参照。

当一个人能运用到深层潜意识的能量，人生便像是在游戏中开了挂一般，所有技能都被放大无数倍：站在更高纬度上审视人生，用更充分的信息和预判来做决策；在学业、事业、人生伴侣等方面做出正确的选择；有明确的人生目标，能创造机会，也能把握住机遇；内心富足，不被执念困惑，不被欲望蒙蔽，正确看待金钱；家庭和谐，奉献社会，不断提升生命势能，收获一个充实、有意义的高势能人生。

那些伟人、领袖和各个领域的开创者、做出巨大贡献的人，是人类金字塔顶尖上的少数人，他们的思维异于常人，能量来源也异于常人，否则无法做出伟大的成就，他们调用的便是深层潜意识中的能量。

深层潜意识蕴藏着全宇宙的信息、智慧和能量，是最纯洁的状态，这里没有负能量，没有污染，犹如盘古开天辟地之前的世界一般纯净，达到这种境界，便如同触及了佛教中的极乐世界，基督教中的天堂。链接潜意识，便是链接宇宙，最终就像《超体》中女主角一样与万物合为一体，无处不在，无所不能，我总结为：宇宙即我，我即宇宙，这是生命势能的最高状态。

三层潜意识，对应着不同级别的生命势能，帮助人达到不同的人生境界：浅层潜意识来自一个人今生今世的能量沉淀，日常生活中的情绪、意识和大小琐事都受其影响；中层潜意识来自一个人祖祖辈辈能量的积累，身体健康、财运、事业运势和社会地位等重要事宜都受其影响；深层潜意识来自世间万物，集合了全人类、全宇宙的能量，能帮人看透事物本质，增强预测能力，突破局限，成为金字塔顶尖的人。

虽说闻道有先后，但在潜意识的开发上，不是所有人都能达到最高的境界。越高的山峰越难攀登，能站到山顶的只有少数人。经过训练和学习，只有 30% 的人能运用到潜意识的能量，其中 20% 的人只能开发到浅层潜意识阶段，约 10% 的人能达到使用中层潜意识能量的阶段，而能使用深层潜意识能量的人凤毛麟角，不超过 1%，可以说是寥若晨星，吉光片羽，屈指可数。

第三节　开发潜意识的准备工作

3.1 拥有一个好的能量场

做任何事情都需要一个合适的环境和稳定的基础，一个人开发潜意识、提升生命势能也需要有一个好的能量场。何为能量场？这需要从世间万物的本质说起。

世间万物的本质是能量，既包括看得见摸得着的物质，也包括看不见摸不着的精神层面。宇宙中蕴含着巨大的能量，地球源自宇宙大爆炸，所以这种能量同样分布在世间万物中。宇宙中的一切，包括人类都是由能量组成的。石油中有能量，煤炭中有能量，一棵树、一朵花、一粒沙子中都有能量。你的一举一动，所思所想，包括意识、思想、信念、心灵、潜意识中都蕴含着能量。世间万物的本质是能量，能量无处不在。生命势能是生命的能量，提升生命势能的过程就是开发能量、召唤能量、链接能量、凝聚能量的过程。

关于世间万物的本质是能量，很多人感到不可思议，但量子力学的出现，大大改变了人们对物质乃至宇宙构成的看法。按照量子力学的观点，物质既可以被定义为有形体的实体存在，也可以被定义为无形体的能量存在。当你研究原子的物理属性，它是有体积和质量的，当你研究它的能量属性，它便体现为某种波，有自己的频率。这就是为什么说宇宙的本质是能量。伴随着对量子力学的研究探索，这个观点逐渐得到普及。

人的精神层面也蕴含着能量，而且这种能量不可小觑。1952年《英国医学杂志》上刊登了一则治疗报道，梅森医生用催眠术帮助一位十五岁的男孩治疗胳膊上的疣病，他在催眠后对病人进行心理暗示，告诉病人疾病很快将痊愈。果然，治疗一周后小男孩胳膊上的病好了。但在其他医生那边复查的时候，大家才知道梅森医生误诊了，这个小男孩胳膊上得的不是疣病，而是一种遗传疾病，叫先天性鱼鳞病。这则报道刊登后，很多有先天性鱼鳞病的患者找到梅森医生，接受他的催眠法治疗，但他再也没有复制出来在小男孩身上的成功。梅森自己总结，当我误诊的时候，我和患者都抱有强大的信念，相信自己能战胜这种疾病，当这个误会被解除，无论怎么乐观，我和患者都不会再有当时那种坚定的信念，也就无法复制奇迹。强大的信念蕴含着强大的能量，往往能创造奇迹。

世间万物的本质是能量，由能量和它发出的频率交织组成的磁场便是能量场。我们形容一个人能量很强，会说他精气神很足，看上去气场很强大，这里的精气神和气场的含义便接近能量场，高势能人士的能量场都很强大。

每个人有自己的能量场，每个房间、每个家庭、每个国家、每个星球……都有自己的能量场。比如医院、幼儿园、公园，都有各自的能量场，你去这些地方的感受明显不同。同样是寺庙，景区里新建的寺庙和深山中的千年古刹能量场也不同。同一座寺庙，新建起来的时候和开放若干年后能量场也不同，游人和香客在这里持续发愿也是一种能量的积累，会影响到寺庙的能量场。包括我们每天在使用的各种手机 APP，不同的平台有不同的服务、不同的客户，能量场也不相同。

能量场的好坏会影响到一个人生活的方方面面，包括运势，如果你有一个好的能量场，会看上去有精神，气场强大，无论是工作能力，还是言谈举止，都在群体中出类拔萃，并且运气也会不错；相反，如果能量场不好，则会看上去精神萎靡，工作中经常犯错，晋升之路止步不前，人际交往中结交不到高能量的人，运气也不佳，常遇到倒霉的事情。我们在生活中常听到有人抱怨：好事怎么都让他赶上了。其实这并不是某人运气好，而是他先有一个好的能量场，一般人常把这里面的因果关系搞反。

家庭也有能量场，夫妻不和、经常吵架的家庭能量场不会好，这样的家庭无论是子女教育，还是财运方面都不会太理想；公司也有能量场，领导不体谅员工，员工不懂感恩，这样的公司能量场不会好，效益和口碑也不会太出色。同样的道理，一个地区、一个国家，乃至不同星球，都有自己的能量场。

开发潜意识也需要一个好的能量场。很多身处困境中的人向我求助，我会先帮他们构建一个好的能量场，或者让他们进入我的能量场中。当年孟母为了让孟子有一个良好的学习环境，三次搬家，留下“孟母三迁”的典故，说明环境的重要，也可以解读为孟母为孟子的成才选择了一个好的能量场。所以说，拥有一个好的能量场是开发潜意识的前提。

3.2 发出正确的频率

开发潜意识就是开发潜意识中的能量，提升生命势能就是提升生命的能量，都和能量有关，这就涉及一个问题：能量的存在形式和传递方式。

能量是以振动的形式存在，而且有各自的频率。

根据量子力学，物质的最小单位——原子内的亚原子粒子一直处于高速运动、旋转状态，导致每个原子散发的能量都在振动，并且拥有各自不同的频率，结果便是宇宙中所有的事物都处在振动中。一座大楼、一座高山，看似岿然不动，其实它也在振动；一个人不管在行走还是躺卧，他都在振动；一辆车、一棵树、一碗饭、一本书，以及各种思想、意识、心灵和灵魂，都在振动。这是宇宙的规律，也是自然的法则。

能量之间以同频共振的形式传递。能量可以彼此召唤和转化，关键在于频率，只要它们在相同频率上振动，同频产生共振，便可以作用于彼此。关于同频共振有很多著名案例，在19世纪的法国，一队士兵通过一座大桥时，大桥居然发生了坍塌，经过事后调查，原因居然是士兵步伐太过整齐，产生的能量频率与大桥本身的频率发生了共振。高音歌唱家用声音震碎玻璃杯的事情就更常见了，2017年中央电视台《加油！向未来》节目中，歌手黄绮珊甚至用歌声一次性震碎了15个玻璃杯，背后的原理也是能量之间的共振。

现代医学检测中很多扫描仪器也是利用了能量之间相互作用

的原理，无论是电脑断层扫描、磁共振成像扫描还是正电子成像术（PET）扫描，当能量穿越人体组织，健康的身体部位和有病变的身体部位因为频率不同反映出不同的特征，医生以此来诊断疾病的区域和病发程度。更具有代表性的是体外碎石手术，人体内的结石是一种结晶，有自己的振动频率，医生将激光或超声波的振动调整到特定频率，向结石发射，两种频率相互作用，便可在体外就将结石振碎。

精神和意念层面能量的感应与传递在过去得不到科学的解释，更多被称之为“心灵感应”，比如一些身处异地的双胞胎能感受到彼此的情绪，比如一个人能看透他人的心思，仿佛拥有“读心术”，甚至不同时空的两个人会做一模一样的梦……但伴随着量子力学中量子纠缠的发现和验证，心灵感应和读心术也不再是无从解释的神秘现象。

量子纠缠指的是，两个处于纠缠态中的量子，不管距离多远，哪怕一个在地球一个在火星，改变其中一个量子的状态，另外一个量子的状态也随之发生变化，最神奇的是这种变化不受时间和空间影响，无论相隔千万里，都在瞬间同时发生。好比两个人分别位于北京和巴黎，你问其中一个人问题，另外一个人会同时给出反应，中间没有任何延迟。我经常在中国与新加坡、美国等地的学员连线，我说能感应到他们，他们会觉得很神奇，其实都是有依据的。

量子纠缠听上去不可思议，传统物理学中时间和空间的概念被突破，信息的传递和获取仿佛意念传输一般高效和神奇，连著名物理学家爱因斯坦都称之为“鬼魅般的超距作用”。但在量子力学中，这是真实存在的，并且得到了一代代科学家们的验证。2016 年 8 月 16 日，我国发射了“墨子号”量子科学实验卫星，在全球率先实现了星地量子通信、洲际量子通信，充分验证了量子通信的可行性。2022 年诺贝尔物理学奖颁给了三位研究量子纠缠领域的科学家，以表彰他们所作出的贡献。

同频共振也发生在人与人之间，每个人都有自己的能量，当两个人思想上产生共振，有共同的世界观、人生观和价值观，便会成为知己；当两个人理想上产生共振，有共同的目标，共同的理念，共同的原则，便会成为志同道合的同志；当一对男女精神上产生共振，彼此频率契合，相互吸引，习惯合拍，则会往恋人方向发展。相反，不在一个频率和层次上的人很难长久相处，聚到一起也是彼此痛苦，因为你谈的话对方听不懂，你做的事对方也无法理解，反而误会更多，也就是常说的“道不同不相为谋”。

我曾经说过，婚姻中的两个人需要做到思维意识同频、行为同频、生活品位同频，人生价值观同频，如果这几点不同频，婚姻便会成为牢笼，每个人都不幸福，不开心，思维意识也不能绽放，行为也都戴着枷锁。但当今社会，很多家庭都是这样的。所以，这样的家庭布满了负能量，极大地影响到孩子的成长。

我们每个人就像一个信号发射塔，通过意识将身上的能量发射出去，每个人身上的能量不同，意识发出的频率便不同。拥有良好人际关系的人，一定是发出了正心、正念的频率，吸引来志同道合的伙伴。相反，负向的、错误的频率也会为你吸引来错误的人，这就是为什么有的人总是倒霉，有的人总是遇人不淑。

如果一个人能量强大，正心正念，那他的频率便有可能链接到宇宙的能量，大幅提升自己的生命势能，获得高势能人生。当你真心想做一件事，你这个“信号发射塔”便会发出渴求的频率，全宇宙都会联合起来帮助你实现愿望，帮你链接到宇宙中需要的能量，这便是“吸引力法则”。很多书教人吸引力法则，但他们不会解释为什么吸引力法则在很多人身上会失效，根本原因是发出的频率不正确。所谓心诚则灵，心不诚便发不出正确的频率，或者发出很微弱的频率，吸引力法则就会失效。

我们开发潜意识中的能量既包括链接激活正能量，也包括链接排除负能量，都是利用了能量间同频共振相互吸引的原理，所以想要开发潜意识中的能量，需要发出正确的频率。

3.3 感知负宇宙信息

开发潜意识是对潜意识中的能量进行破译和使用，那么这些能量中蕴含着怎样的信息？为什么这些信息具有如此强大的能量？我把潜意识中的信息称为负宇宙信息，专门研究负宇宙信息的学科称为负宇宙信息学，搞清楚负宇宙信息和负宇宙信息学，便搞清楚了为什么潜意识中的能量如此强大，便掌握了开发潜意识、提升生命势能的关键。

世间万物的本质是能量，每一股能量都是一份信息，能量之间的传递与转换可以看作是信息的传递和转换。可以说宇宙是由信息组成的，我们生活的世界可以分解为无数的信息，或者说是无数的信息有机结合，组成了我们生存的这个世界。

有一类信息我们能很明显地感知到，比如四季更迭、雨雪风霜、红绿灯切换；有一类信息我们不是那么容易感知到，比如朋友的心思，比如客户的心情，能模糊判断，但也不是很确定；还有一类信息普通人完全感知不到，甚至不知道这些信息的存在，而经过潜意识开发的人则能感知到，我称之为负宇宙信息。如果说能感受到的是有形的信息，不能被感受的是无形的信息，负宇宙信息便是无形的信息。而这无形的信息，对人生的影响远远超过有形的信息。

我们生活中、宇宙中充斥着这样的负宇宙信息。近些年医学上出现一种动物检验法，训练一些动物，比如狗、猫、小白鼠等，它们通过嗅觉便能判断一个人有没有患癌症，这也可以理解为一种对负宇宙信息的捕捉和判断。一些名医只通过“望”（中国传统医学中四种诊断方法“望、闻、问、切”之一），便能判断病人得的是什么病，甚至病情发展到了什么样的阶段，这是因为他们能感知到一般人感知不到的负宇宙信息。

今天科技和通讯比较发达，很多人知道坐飞机到美国也不过十几个小时，很多人有条件到国外去感受不同的生活，可是倒退100年，又有几个人知道美国是什么样子呢？对于当时的大部分人来讲，美国、英国、法国、德国的存在与状况就是一个负宇宙信息。再往后倒退五六百年，郑和下西洋的那个时期，更不用说。

有的学员在接待客户的时候犯了基本的礼仪错误，被我指出来要求改正，如果只从表象上看，从旁观者角度来看，这只是一个小小的细节问题，但从负宇宙信息学角度分析，这位学员作为当事人不懂这方面的礼仪，不知道自己犯了错，她根本看不见这个信息，他人眼中的常识对她来讲也是负宇宙信息。

上升到更高的维度，我总是站在1万年前看现在，相比1万年前的宇宙，人类文明不断在更迭，但每个人终将走向死亡。佛家喜欢说尘归尘、土归土，每个人最终的结局也是尘归尘、土归土，最后变成一把灰，再次回到宇宙的循环当中。从“宇宙全息，息息相通”的角度来看，尘归尘、土归土就是人从地球上消失，成为负宇宙信息。人死以后肉体消失了，可他的灵魂也是有能量的，灵魂也是信息的组合体，它们没有消失，它们就储存在宇宙中，成为负宇宙信息。

以此类推，我们祖先的灵魂也储存在宇宙中，成为负宇宙信息；历代人杰、伟人、高人，无论是宗教领袖，大德高僧，还是帝王将相，王子公主，他们的灵魂也都储存在宇宙中，成为负宇宙信息；哪怕是一些动物，只要是有生命的，他们死后灵魂也储存在宇宙中，成为负宇宙信息……自地球诞生以来，曾经存在过无数人类，无数生命，这些灵魂的负宇宙信息在宇宙中形成了一股强大的能量。

灵魂能被看见吗？有传说某些动物能看到，还有传说一些小孩子心灵比较纯洁能看到，国外也曾经做过实验来论证灵魂的重量。这也验证了老祖宗传下来的话，举头三尺有神明，提醒大家不要作恶。正因为如此，我创立了负宇宙信息学，专门研究这些看不见、摸不着、听不到的信息，并相信日后科学界会有更多的研究和发现，来论证我今天记下的所思所想和感受。

开发潜意识，链接宇宙能量，能帮助人感知到负宇宙信息。设想一下，当你能看到别人看不到的信息，你就能事事领先一步，抢占先机；如果能提前判断出一件事物的发生、发展、结果对人们造成危害，我们就不会坐以待毙，会在灾难到来之前做好准备，成功避开；如果你能感知到另一个人潜意识中的信息，便能了解这个人的过去、现在和将来，也便具有了感知力……这便是负宇宙信息的重要之处、神秘之处、伟大之处。那些经过训练的心理医生、洞察人心的高手、高势能人士，都善于感应和捕捉他人身上负宇宙信息的频率，能预知这个人的未来。我一直相信每个人身上或多或少都会有感知力，将来更是人人都会有，但率先拥有的人有先发优势，会对竞争者形成降维打击。

为了探究潜意识和生命势能的本质，讲清楚开发潜意识、提升生命势能的工作原理，我们抽丝剥茧，旁征博引，用了很大篇幅来讲述能量、能量场、负宇宙信息的概念，介绍了能量的存在形式、传递形式，以及能量场的作用和负宇宙信息的知识。通过这些知识点的掌握，读者可以了解到潜意识的能量何等强大，了解到为何开发潜意识可以提升生命势能。

现在你已经了解潜意识是人生的主宰，是生命势能的源头，也知道每个人身上都有无穷的潜力，蕴含着巨大的能量，是不是已经摩拳擦掌、跃跃欲试，期待着开发潜意识中的能量，一扫此前人生的失败和颓势，或者更上一层楼？打开潜意识便是打开了一扇智慧之门，即走上了生命势能提升的道路，但这条道路并不好走，尤其是对于初入此领域的人来讲。我提出了开发潜意识、提升生命势能的七个步骤，提供给读者一个明确的“路线图”，接下来就让我们走入实操，一起开发潜意识，提升生命势能。

第二篇

开发潜意识，绽放生命势能

第三章

走出自己的心

第一节　只有你能救自己

1.1 内求改变是重塑自我的前提

固若金汤的城池往往是从内部被攻破的，开发潜意识，提升生命势能最大的障碍也是来自内心。一个人想要开发潜意识，提升生命势能，重塑自我，需要发自内心地愿意改变。我从事这个行业三十载，通过讲课和咨询帮助过的人数以万计，但我也有帮不了的人，就是那些不愿意接受改变的人。我常说一句话：就算我想帮你，你也得伸出手来才行。

有一种人喜欢说随缘，喜欢说放下，但这种人往往既做不到随缘，也做不到放下，因为他们并没有把问题解决掉，是一种被迫的、心不甘情不愿的随缘；是一种无奈的、走投无路的放下，这是在逃避问题，在向困难投降，是对自己人生的不负责任。

还有一种人喜欢说“是我上辈子欠他 / 她的”，这也是在推卸责任，把自己面临的困境和应该承担的责任一股脑推卸给上辈子，推给命运，不敢去面对，这是一种怯懦和逃避。

有一句禅语说佛渡有缘人，何为有缘？一个人掉进水里，大家都伸出手来救他，如果他不伸出手来，那谁也救不了他。不想活命的人，永远不会得救，懂得自救的人，便是有缘人。同样，发自内心愿意改变的人才能脱离苦海，走上提升生命势能的大道。

发自内心改变自己，首先要学会分清问题的外因和内因，不为人生失意找借口。

经常有家长跟我说：“路老师，他被别的孩子带坏了”，“路老师，他是受了某某某的影响”，总之孩子身上出现了问题，都认为是外界的原因。我会直接告诉他们，虽然人的思维意识容易受到社会影响，但最终做决策的还是你的内心，如果一个人的内心坚定，那外界影响不了他。就像那些贪污腐败落马的人，不能怪这个世界诱惑太多，只能怪自己太贪婪。

很多人的感情和婚姻出了问题，到我面前指责对方，指责对方的父母，唯独不反省自己的问题。再海誓山盟的情感、再幸福的家庭也难免有摩擦，需要男女双方共同经营，最重要的是真诚面对，不能只站在自己角度看问题，挑别人的毛病，要多内省、多内求。如果双方能够彼此交换角度，为对方着想，站在对方的角度上去面对问题、思考问题、解决问题，我相信他们的婚姻和家庭能够美好幸福。

不要抱怨别人，所有不好的结果都是自己的意识出了问题，自我的意识是内因。别人话语的蛊惑、纸醉金迷生活的诱惑、金钱的迷惑，都是外因。当一个人自我意识强大，三力清晰，欲望建立在自己的认知度以内，我相信他不会被别人左右。所以，我常说要内修和内求，要修内因。

很多人在我面前抱怨，对人生失去信心，其实他们在生活中有很多机会去展示自我，只是很多人跳不出自己的眼界和观念，总是把自己的心和思维锁到一个角落里，所以他们永远得不到新的生机，看不到新的机会。还有的人总是沉溺在怀旧情绪中，但怀旧有时候是一种毒药，它让人接触不到新的空间和信息，从而导致思想短路，感受不到新事物的能量，这也是内因的体现。

发自内心改变自己，还要懂得“可信不可迷”的道理，认识到只有自己的思维意识才能改变自己。

我在做咨询的过程中，会直接跟客户讲：如果我的话你只是听听而已，那就没有必要浪费彼此的时间。如果只听不做，只听不改，问题是不会得到解决的。不管你供奉的是哪位大师，得到了什么样的指示，如果你没有改变自己的思维意识，那你不会得到想要的结果。

有人听到我这样说感到很疑惑：路老师，我来找你咨询，就是信任你，希望得到你的帮助。我会告诉他，即便你相信我能帮到你，我也只是一个引导者，最终你还是要相信自己，因为只有自己的思维意识才能改变自己，对任何人都要可信不可迷，包括对我。

如果你相信我给出的意见和建议，却什么都不做，不要相信奇迹会自己发生。我可以给你指出哪里埋着宝藏，如果你不去挖出来，这个宝藏不会自己出现在你面前。有的人会按照我的指点去做，有的人得到我的指点后什么都不做，等着天上掉馅饼，前者是信，后者是迷，所以说要可信不可迷。

还有太多人迷信父母，对父母言听计从，百依百顺，丧失掉自我的思维意识，这是一种智力上的懒惰，一种思维意识上的依赖。不扔掉这根“拐棍”，找回内心的思维意识，内求改变无从谈起，因为你都没有自己的思维意识，换言之，你都不是你自己，谈何改变？

我相信每一个父母都想给孩子最好的，但是父母并非完人，也有自己不擅长的领域。如果对父母的决定不经过思考，照单全收，那苦果只能自己吞下。很多父母自己没有上过大学，仅凭电视上、手机上看来的新闻，就非得让孩子报考某所大学某个专业；很多父母自己一辈子没取得过什么成就，到了子女的事情上却化身人生导师，事事都要按他的意愿来办……这种事情比比皆是，很多父母和子女最终矛盾爆发，到我这里来咨询，寻求帮助。

我也经常反过来规劝父母，要尊重孩子的想法。多数人不比孩子聪明，只是多了一点人生阅历，在很多事情上并不能给孩子正确的指导。这是一种正常现象，不要焦虑，不要给孩子强加梦想，那样只会激起孩子的叛逆。你需要做的只是给他们生活保障和关心爱护，他们自己会迎风成长。不要低估了孩子的韧性，更重要的是不要高估了自己的能力，要降低自己的控制欲，培养孩子自己独立的思维意识。

当一个人内求改变的时候，就进入了重塑自我的大门。我有时候会直接问那些咨询者：你愿意改变吗？你愿意把以前的恶习、不良嗜好改掉吗？你愿意换一种活法吗？如果你想改变，你就有希望重塑一个自我。

心安、行安则事安，心态、状态决定事态，一切都是由心开始，愿意发自内心地改变方可重塑自我。

1.2 向死而生，勇敢面对生活

很多人不愿意改变是怕吃苦，因为改变就意味着要重新适应环境，面临新的挑战，但生活的本质就是苦的，我们要勇敢面对，积极改变，而不是否定和逃避。人生就是一个时刻面对问题，随时解决问题的过程。

诸事无常，一切皆苦，这是佛教的基本教义，指的是世界上任何事物都在变化中，一切行为中都蕴含着苦。佛陀在成道之后宣讲的“四圣谛”[1]中，第一条便是苦谛，还有大家比较熟悉的人生“八苦”：生、老、病、死、爱别离、怨憎会、求不得、五阴炽盛[2]。这些无一不在强调人生的真相便是苦。

“和谐”是高势能人生的标志，也是我长期奋斗的目标，但

[1] 四圣谛：谛是指颠扑不破、绝对正确的真理，四圣谛是指四条圣人所讲绝对正确的真理，分别为苦谛、集谛、灭谛、道谛，是佛教的基本教义。

[2] 五阴炽盛：五阴即五蕴，色、受、想、行、识，五阴炽盛是指五蕴集聚组成众生，犹如烈火炽烤，前七苦皆由此而生，故《心经》中描述佛家修行的最高境界是五蕴皆空。

我很清楚想要完全和谐是不现实的。自古以来，有人类的地方就有争斗，有人类的地方就有战争，有人类的地方就有苦恼。很多人到我面前，诉说自己遇到的各种困难、各种问题、各种悲惨，手足无措，我会直接问他们：**我们每个人都要死，难道就不活了吗？**我想用这个简单、直接、扎心的问题让他们清醒，即便生活是苦的，我们也要去勇敢面对。我说过，在金钱里挣扎会使自己活得很累，在地位里挣扎会使自己活得很苦，在爱情里挣扎会使自己活得很伤，但活着就要面对，活着就要选择。

很多人不能超越自己，不敢承担责任，不敢面对生活，并非没有判断力，只是害怕受到伤害，害怕担责，害怕失去现有的，害怕以后得不到更好的，瞻前顾后。我曾说过，我是个不知道害怕的人，我一个女人只身到了国外，孩子也跟着出国生活、读书，这个过程中经历了很多坎坷，也面临过诸多的变迁和挑战，几次走到悬崖边上，但我从没怕过，我敢去面对。很多人想到外地发展，来找我咨询，我也觉得一些人到国内一线城市或国外发展更好，同样的付出为什么不去更大舞台上发挥呢？很多人不怕挑战，敢于面对挫折，经过我点化去了大城市发展，也有人不想离开舒适圈，不敢去新的地方从零开始，结果始终没有突破自己。我帮助一个人做出选择的时候，往往会告诉他将要面临什么困难，一些人就被吓住了，可回过头来说，在哪里发展不会遇到困难呢？这是一种心态问题，一种思维问题，需要扭转。

要想成功就要勇敢面对、勇于付出，梦想是要靠努力去实现的。人只有感受到了不一样的人生，才能懂得生活，才能珍惜生活，才能实现自己的人生价值，这才是真正的成功！人生就是一个勇敢面对、不断攀登、不断突破的过程，只有这样你才能知道自己的能力、智慧、承受力有多少。

很多妈妈跟我表达过一个“朴素”的愿望，她们说：路老师，我就想让我的孩子一生平平安安，顺顺利利，无灾无难。我能体谅母亲对子女的爱，但这种想法何其幼稚，何其贪心，我会直接反问她们：你觉得这可能吗？

但偏偏生活中很多人就是在做这样的事情。很多家长不敢告诉孩子真实的世界是什么样子的，对孩子一味描绘美好：只要你好好学习，就一定能考上一所好大学；只要你考上一所好大学，就一定能找到一份好工作；只要你能找到一份好工作，就一定能有一个美好的人生……在这样的教育中什么都是一帆风顺，没有挫折的。但你不教育孩子什么是挫折，生活自然会加倍教育他。有多少孩子因为一点小事想不开就去轻生，有多少年轻人职场上受挫，生活不如意，就选择躺平，这都是缺乏挫折教育，缺乏对世界真相的认知所导致的。

还有一种父母不敢放手让孩子接触社会。很多刚毕业进入社会的年轻人，虽然收入比较低，但他们愿意从底层干起，愿意闯荡，这时候他们的父母坐不住了，怕孩子吃苦，怕孩子吃亏，总想给孩子一个安稳的保障。曾经有一对夫妻找到我，咨询如何与孩子相处，他们女儿自己在外面创业，但这对父母不是今天帮忙交个房租，就是明天转点生活费，哪天公司运转不动了还要帮着开工资。最后两个人的结论是，孩子根本不知道什么叫吃苦，干脆不要在外面锻炼了。我告诉他们，这种做法是错误的，你们的孩子不懂什么叫吃苦，是因为你们不放手。如果她赚不出房租钱，那可以先不创业，先去打工。

很多家长既想锻炼孩子，又不想让孩子吃苦，既想让孩子独立，又想给孩子一个安稳的保障，在这种纠结下，始终不让孩子真正去接触社会，哪怕孩子已经是成年人了。可是，不摔跤怎么能学会走路呢？即便你有能力给孩子一份保障，可以把这个选项放在最后，用来托底，不要阻断孩子和社会的真实接触，误导孩子对社会的真实认知，毕竟将来他早晚要独自去面对这个世界。每个人都是一个独立的个体，孩子有自己的人生旅程，不要奢望对方会成为你想要的模样，能够和我们长久相伴的永远只有内在的自己。

我会让自己的女儿去承担责任、承担风险、面对挫折，关于家庭状况的一些变故，不管是好的还是不好的，也会跟她同步，让她提前适应社会上的各种风险。我教育她：对待困难和风险要勇敢面对，如果你今天逃避一个风险，明天躲避一个困难，你会恐惧、自闭、不自信。我大女儿五岁的时候买了一双新鞋，有些磨脚，但她非要穿着去超市，我再三跟她确认，这双鞋会磨脚，她还是坚持要穿。我说好吧，但你自己的选择要自己承受后果。果不其然，去超市的路上鞋子就把脚磨破了。每次逛超市我都让孩子自己拎东西，这次我也没有特殊对待，返程的时候也没有打车，就这样让她自己拎着东西走回来。我告诉她，每个人都要为自己的选择负责。我对很多学员说过，我可以帮你们教育孩子，不过要按照我的方法，你们不许插手，怕的就是一些父母不舍得让孩子去承受。

有人觉得我太狠心，但我知道今天的严厉是为了避免明天吃更多的苦。一次一位学员从客人身前探身倒茶，这是基本的礼仪错误，我立刻停下手中的事情，严厉地问她："可以这样探着身子倒茶吗？礼貌吗？"这位学员当下就意识到自己的错误，并表示会谨记，下次不会再犯。在场的人可能觉得路老师怎么这样呢，一点面子都不留？这点小错误，私下批评一下就行了。我的想法是，她来我这里就是为了能够提升自己，既然如此，我就一定要对她负责，如果一点错误都不敢面对，今天在我这里只是受到了一次严厉批评，到了工作中可能要丢饭碗。

还有许多人在感情中不敢面对现实，活在虚幻和自我想象之中，自我欺骗。一位女性咨询者被男朋友分手，过了一段时间，本以为她走出来了，结果她突然找对方借了 1 万块钱，只为证明他心里还有自己，其实她也不缺这 1 万块钱，只是不甘心。我直接跟她道出真相，如果你不敢面对分手的现实，不敢正视自己的痛苦，这种思维意识不改变，你将永远处在纠结的痛苦中。

人喜欢麻痹自己，凡事往好处想，这是人性的一部分。但是，每个人都只往好处想，人生不会因此就变美好。或许只有闭上眼睛，离开人世的那一刻，才能真正做到无欲无求，才能做到完美，但那也意味着你的人生画上了句号。我曾经说过，人生的困境有时是自己编织出来的网，人生的绝境也不过是内心创造出来的假象。其实，生命里那些让你过不去的境遇，都是让你成长蜕变的养分。当你看清这个真相，你会发现原来老天从不会让你走投无路，而逼你走入绝境的只是你的恐惧和妄想。相信自己，一切便皆有可能。

开发潜意识，提升生命势能是入世的修炼，只要没有闭上眼睛，就要无时无刻不去面对当下的生活。人终有一死，难能可贵的是向死而生。如罗曼·罗兰所说："世界上只有一种真正的英雄主义，那就是在认清生活的真相后，依然热爱生活。"

1.3 化势：让生命在苦难中开出花朵

生活中的苦也是一种能量，只知道抱怨、纠结、放弃抵抗的人会被这种能量吞没，而生命势能高的人，懂得如何使用这种能量，在苦难中开出花朵。

我曾经对学员们说，人的命不是注定的，命运在我这里是可以改变的。人活着都会遇到痛苦、挫折、磨难，大家要学会去化解，去应对，最高的境界就是把痛苦、挫折、磨难转化成对你有利的那方面，我称之为化势。挫折让我们明白坚持才能成功，痛苦让我们醒悟痛过才能得到幸福，受伤让我们懂得患难与共才是真情，所以不要去抱怨，要战胜自我，超越自我。不要总苦恼，天天纠结，这样只会让你原地打转，走不出困局。把对自己不利的一面转化成有利的一面，把恶变成善，把坏事变成好事，这才是真正的智慧。

古今中外，多少人面对痛苦、磨难，绝地反击，走出困局，破茧成蝶，成为佳话。

明代大儒王阳明被后世称为“五百年来第一人”，但王阳明的前半生并不顺遂。他 22 岁那年进士不中，25 岁参加科考再次落榜，34 岁因为仗义执言，得罪宦官刘瑾，被杖责四十，并贬谪到贵州龙场，当一个驿站驿丞。上任路上，王阳明还遭到刘瑾派人追杀，伪装跳河自尽才躲过一劫。当年的贵州龙场是未开化之地，不但到处荒山野岭，毒蛇毒虫遍地，林间还有能要人命的瘴气，当地人也不会说汉语。王阳明甚至没有住的地方，只能住在山洞，没得吃就吃野菜。但是，官场上的失意、生存环境的恶劣没有打败王阳明，他会在心中问自己：如果是圣人面临我现在的处境，他会怎么做？他知道，生活在这个世界上必须面对各种境遇，不要抱怨，要用行动来改变。没有吃的，他就自己开垦田地，种粮种菜；没有住所，他就伐木搭建房屋；没有精神活动，他就办校开课，教书育人；他甚至还为自己准备了一口石棺，没事就进去躺一躺，体验生死，感悟人生。正是在这种精神状态下，他在龙场完成了最重要的思想转变，在著名的“龙场悟道”中意识到“圣人之道，吾性自足，向之求理于事物者误也”，意思是成为圣贤（高势能人士）的道路，每个人内心的智慧、本性中的能量是足够用的，舍弃对内心能量的开发，期望外求得到能量，寄托于外部事物，这是错误的。由此打开了阳明心学的新篇章。

如果说有哪位名人在最恶劣的条件下做出最伟大的成就，相信很多人会想到霍金。他被称为现代最伟大的物理学家之一、20 世纪享有国际盛誉的伟人之一，但他最重要的成就几乎都是在轮椅上完成的。

霍金出身书香门第，父母都是牛津大学毕业的专家学者，霍金则在牛津大学和剑桥大学都拿到了学位。还在大学期间，霍金便发现身体动作越来越笨拙，经常摔跤，说话也开始含混不清。21 岁那年，霍金正式被确诊为渐冻症。毕业后的霍金在剑桥大学从事研究工作，此时他只能借助拐杖走路。70 年代后期，霍金已经口齿不清，交流必须借助翻译。1985 年，因为肺炎气管手术，他失去了讲话的能力。从那之后，他的交流只能通过语音合成器来完成。慢慢地，他的身体被禁锢在轮椅上，全身只剩下三根手指和两只眼睛可以活动，身体也严重变形，扭曲在一起。到 2005 年，霍金只能用面部肌肉来控制通讯设备，一分钟只能输出一个单词。即便是这样的情况下，霍金也没有停止研究，还经常举办讲座，向全世界各地的人们介绍他的宇宙研究成果，一直到他 2018 年去世。

霍金被誉为是牛顿和爱因斯坦之后的又一个物理学伟人，他不仅以自己的科研成就征服了科学界，更以逆境下坚忍不拔、向命运抗争的精神征服了世人。他曾说："生活是不公平的，不管你的境遇如何，你只能全力以赴。"

王阳明和霍金的故事是对生命韧劲的充分展示，也是将逆境转化为自己的战场，最终成就高势能人生的绝佳案例。

同样一件事，有的人看到的是机遇，有的人看到的是风险，后者面对困难首先想到的不是改变自己，提升自己，把不利的局面转化为有利的局面，而是直接放弃，但他们又做不到放下，结果便是在失败中懊悔、纠结、抱怨，久而久之，这些情绪在身体和意识中沉淀为负能量。

所以说，要把生活中的磨难当做人生低谷的考验，当作人生崛起的机遇。切记一个人越是不顺的时候越要沉住气，急于求成只会雪上加霜。要记住，任何事都不是无缘无故发生的，我们要冷静、淡定地渡过难关，走出困境。有人说衡量一个人成功的标志，不是看他登到顶峰的高度，而是看他跌到谷底的反弹力。我对学员说过：面对逆境的过程是痛苦的，但你能够承受多少痛苦，就能够解决多少问题。

第二节 转变思维意识

2.1 走出执念，发自内心愿意改变

一个人提升生命势能的前提是愿意做出改变，但现实中很多人做不到，最主要的问题是放不下心中的执念，走不出自己的心。

我经常对一些困在执念中的人讲，你要走出去，哪怕到户外走一走，晒一晒太阳，不要总待在房间里憋着。这句话的含义是让他们走出自己的心，走出内心的房间，去面对工作，面对家庭，面对社会，面对真实的生活，有问题解决问题，不要惧怕。这是在给他们信心和勇气，给他们注入正能量。

我身边曾经有两个人认识不到10天就想结婚，找我做证婚人，我说你们这是前世的缘分，不过今世想延续这段缘分不容易，要实行、执行、践行好，才能美满幸福，不能三分钟热度，否则3年内会出问题，5年内就得离婚。两个人很有信心，认为找到了彼此的终身伴侣。后来果不其然，第三年两个人的感情出现了问题。男方怀疑女方有外遇，想分手又下不了决心，就这么纠结、痛苦着，在大家面前一副消极、低落的模样，总是唉声叹气。久而久之，他身上的负能量越来越多，大家也不再去安慰他。这时候我站出来跟他讲，事情到这个地步也差不多了，你也不要每天一副自怨自艾的样子，你要走出自己的心，去面对问题，解决问题。如果你妻子真的有外遇，你要拿出真凭实据，然后光明磊落、坦

坦荡荡地离婚，没有人会因此责怪你；如果你没有证据，那就把这个事情压在肚子里。如果你还是想离婚，也是可以的，但不要让自己沉浸在负面情绪、怀疑的痛苦中，让家人也跟着痛苦，在外面一副可怜兮兮的模样，没有人会心疼你，时间久了反而会成为一个笑话。结婚第五年，两个人终于离婚了，我当初的预测又一次应验。男方还是走不出自己的心，继续沉浸在悲痛中，而女方很快调整了自己的状态，跟别人结婚生子，生活很幸福。我又站出来跟他讲，一开始你想离婚，现在婚也离了，你应该振作起来。生活总是有很多磨难，你应该去积极面对，积极改变，而不是一直痛苦下去，走出自己的心，才能彻底改变。

我说过，人生在世，很多事难如心意，这是必然的，其实把眼光放长远一点，把心放宽一点，你会感觉一切都很光明艳丽。不要总盯着让你痛心的人和事纠结，只有时刻走出自己的心魔，你才能永远活得精彩洒脱，可惜他不懂这个道理。

上面提到的是走不出执念的人，也有一些人看似走出了执念，很快走出挫折，潇洒自如，要么到处旅游，要么吃斋念佛，要么喝酒、唱歌、打麻将、组织朋友开 Party，看上去都像是放下了过去，准备迎接新的生活，但我知道这都是表面现象。一个人有没有走出自己的心，不能只看他做了什么，更重要的是看他思维意识有没有转变。

一位新加坡女士找我咨询，她离婚后分到了一笔赔偿费，孩子也判给了自己，目前正在备考房地产经纪人，希望确认下这个选择是否正确，考试能不能有一个满意的结果。我觉得她目前心不安，心安、行安才能事安，所以她很难考到一个理想的成绩，并且预判到心不安的原因是这段失败的婚姻。果不其然，她一方面表示自己已经放下，住回了母亲家里，也准备换工作，开始新生活，但同时，她对前夫当初有外遇的事情仍然耿耿于怀，又担心前夫会回来找她要钱，打那笔赔偿费的主意，又表示前夫难免要来看孩子，也没法彻底不见面……

听到这里的时候，我打断了她的话。我直接指出，你其实根本没有走出自己的心，你一直还期待着能和前夫和好，无论是搬回父母家，还是换一份工作，都是外在的动作，而你对前夫找外遇耿耿于怀，担心前夫借钱，担心前夫来看望孩子的时候碰面，这才反映了你的真实想法。既然你们都离婚了，你可以光明正大地拒绝借钱；他毕竟是孩子的父亲，来看望一下孩子也无可厚非；而他找外遇的事情也得到了法律上的惩罚，如果你心里已经没有这个人，为什么还要对以前的事情耿耿于怀，为什么害怕碰面？

这时候，这位女士对我透过表象看到她潜意识中的真实想法表示敬佩，也承认了自己的确有复婚的念头。我跟她讲，如果你想复婚，那你就要原谅他的过去，因为他已经接受了惩罚，否则复婚之后也过不下去；如果你对过去还耿耿于怀，那就不要复婚，你应该真正走出自己的心，从思维意识上有一个转变，而不是只做一些表面功夫，否则你永远处于自我纠结的状态中，每天被负能量包裹，生活不会得到改变。

心安、行安则事安，心态、状态决定事态，一切都是由心开始，所以走出自己的心，走出自我，才可能改变自我。这种改变必须是思维意识的改变，如果你的思维意识还和以前一样，那你就还是原来的你，并没有走出自己的心。

很多人问过我，路老师，你说我为什么不会成功，不会发大财？我说其实很简单，你没有突破自己的意识，也从未想过突破自己的意识。你让自己的意识不能接受潜意识的智慧，总是在孤芳自赏，所以你的意识永远没有创新，没有前进。如果一个人的固有意识不改变，仙丹良药也救不了他。

真正的放下是心里放下，真正走出自己的心是思维意识转变，而不只是表面改变，心仍旧停在原地。走出自己的心是要从梦中醒来，面对现实，而不仅仅是换个姿势，继续沉睡。

2.2 拒绝躺平，走出迷茫的心

在人类物质文化飞速发展、科学技术突飞猛进、财富积累越来越多的今天，心灵却在倒退，表现之一就是大量年轻人选择躺平，他们把欲望降到最低，不再设立目标，不再对自己提出要求，放弃进取心，只希望活着就好。更有严重消极者开始厌世，负能量积攒多了，出现抑郁或者自杀的情况。这种现象不仅影响个人和家庭，长此以往也将危害社会和国家的发展。这不禁让人发问，人类的文明将往何处去？所以，帮助年轻人走出躺平状态刻不容缓。有很多年轻人和他们的父母因为这个问题来找我咨询，我综合遇到的众多真实案例，剖析这个问题，给出我的答案。

年轻人躺平的原因可以分为外因和内因，外因主要是年轻人

成长过程中父母、家庭和学校的教育没有帮助他们建立一个独立的自我；内因主要是年轻人对自己的认知不清。

先说外因，父母是孩子的第一个老师，是孩子人生的引路人，所以父母给孩子从小灌输正确的人生目标很重要。很多父母给孩子的人生定位太功利，学习就是为了考一个好学校，导致孩子为了学习而学习，为了学历而学习，从小没有一个实现自我价值、实现自我灵魂提升的觉悟，没有服务社会、报效国家、兼济天下的雄心。反观中国古人接受的教育，每个人都很清楚学习是为了修身、齐家、治国、平天下，目标非常清晰。这种目标感的缺失，导致孩子对父母唯命是从，内心也变得自私自利，不会从更高、更全面的视角看待自己。

我帮很多学生做过心理辅导，其中大部分人都认为自己学习是给父母学的，是为了实现父母的理想。父母让我上这个辅导班，父母让我上这个学校，父母让我报那个专业……孩子自认为完全是在替父母学习。当孩子没有了自主选择的权利，他思维意识中的判断力就会下降，逐渐失去自我。很多人就在这种状态下一直到大学毕业，甚至只是为了父母的想法又读了研究生，读了博士，随着走向社会，自我缺失、内心不独立的问题一下子爆发出来。

一些年轻人大学毕业、研究生毕业之后，发现自己一个月只能赚三四千块钱，跟父母从小灌输的“只要考上大学，将来就一定能……”大相径庭。尤其是，当他们看到自己的工资还没有工地上搬砖赚得多，更加心态失衡。这时候他们会自我怀疑，怀疑读书有什么用，怀疑从小受到的教育是不是出了问题。

很多父母没有培养孩子的独立自主，却期望孩子进入社会后能立刻独当一面，挑起大梁。当孩子的发展不如他们心意，就开始指责孩子，嫌弃孩子这里不行，那里不行，连个好工作都找不到，攀比别人谁家的孩子进了大公司，谁家的孩子考上了公务员……培养孩子就像种庄稼，你在该浇水的时候不浇水，该施肥的时候不施肥，却在收获的时候嫌弃不如别人地里的庄稼长得好，可问题到底出在谁身上呢？

孩子到了该结婚的年龄，这些父母们又开始了新一轮的规划，出钱出力帮助孩子结婚成家，抱上孙子孙女。这时候，他们对子女的责备又转向了不懂教育下一代，他们开始揽过来孙子孙女的教育任务，抱怨自己一辈子为什么这么辛苦，管了大的还要管小的……在这个恶性循环中，一代人的自私自利造成了两代人的自我迷失、缺乏独立自主，可这不就是我们身边很多人的现状吗？

也有孩子试图去反抗，但他们太弱小，当他们发现迷失了自我，找不到自己的价值，所有的价值就是实现父母的愿望，但又改变不了这种外部环境，他们便把矛头指向自己，开始逃避现实，甚至用自毁的方式来摆脱这种控制，于是很多人开始出现心理疾病，或者反社会人格，甚至自杀。

除了帮孩子包办人生中大大小小的事情，很多家长还犯了另外一个错误，不能在正确的认知度上、真实的客观条件上做决定，不能结合孩子的基础条件进行培养，造成了孩子对人生极大的错误认知和判断。有的孩子学习并不好，父母却假装不知道，灌输的仍旧是长大了要当科学家，要当大官，赚大钱，甚至不惜花很多钱给孩子提升学历，或者送国外留学；有的父母看到别人家孩子学钢琴，不管自己的收入水平、孩子感不感兴趣、有没有天赋，借钱也要送自己孩子去学钢琴……这样做的结果只会让结局更加不如意，难以收场。

不在自己的认知度和条件以内培养孩子，还会误导孩子的攀比心，当孩子知道真相的时候，那种落差会变成对父母和社会的仇恨，成为反社会人格。他们会问，凭什么别人有的东西我就没有？我一直提倡让孩子知道家庭真实的财务状况，财富也好，外债也好，一来让他们体谅父母的不易，二来让他们懂得不做超出家庭经济能力之外的事情，对自己有清晰的认知。我会让自己的孩子记账，每天做什么，花了多少钱，从小培养他们管理钱财、管理生活的能力。很多人一辈子最大的错误就是被金钱诱惑，从小让孩子知道家庭经济状况，在这个基础上规划人生，可以起到一定的预防作用，最起码他知道金钱是怎么回事。

总之，对自己的孩子有正确认知，结合个人和家庭的情况，因材施教，不好高骛远，这一点非常重要。

关于躺平的内因，也就是对自己认知不清，很多年轻人在经历迷茫和彷徨的时候，把原因归结于社会不公平，归结于公司发展不行，归结于老板太压榨……总之都是别人的问题。遇到这种情况我会直接问他们，那为什么在同样的环境中，有的人就做得很好呢？所以说，还是要多内求。

首先，年轻人要明白技能和能力是两码事。你在大学学到的知识不管有多深奥，那都是专业技能，这不代表你有处理问题的能力。能力是综合素质，是需要经过职场学习和磨炼之后才具备的，比如沟通协作的能力，比如表达和汇报的能力。我们的家长和学校平时不注重教孩子这些能力，甚至还有意隔绝孩子和社会接触，说社会很复杂很凶险，导致孩子有技能没能力。当你明白技能和能力是两码事，你就不会再有怀才不遇的失落感。

其次，年轻人要明白你的收入在起步阶段很低是正常现象。一个人的收入水平是他创造价值的体现，另外市场回报受供需关系影响非常大。年轻人普遍不愿意从事体力劳动，从事体力劳动的人一直在减少，所以体力工作的收入一直在涨，尤其是有技术的工种，收入在整个社会都处于中上水平。在发达国家，这一点体现得更明显，所以他们才会引进大量外国劳工来弥补市场的用工短缺。当你明白了这个道理，不要再因为不合理的对比，对收入问题耿耿于怀。安定的社会环境下，一分汗水一分收获，老天不会亏待努力的人，不要被眼前的低收入吓住，这只是你的起点。

最后，年轻人要盘点好自己的人生资本，不吝啬付出。人生资本是你在社会上、职场上发展的筹码，年轻人的经济能力、社会资源比较薄弱，所以不要用自己的短处去和别人的长处比。但是年轻人也有自己的强项，比如精力充沛，充满活力；比如起点低，没有心理包袱，可以接受从底层做起；比如学习能力强，适应快，更容易接受新鲜事物；比如人际关系简单，没有很多应酬，可以付出更多时间学习和提升……这些才是年轻人的人生资本，要在这上面多下功夫。所以，年轻人不要吝啬付出，不要太玻璃心。我经常跟学员们说，一个成大器的人必须先学会做人下之人，如果你连一点承受力都没有，一点挫折和委屈都忍耐不了，今后又怎么会成功呢？山有顶峰，也有低谷，人生道路不会那么平坦，只要信念强大，一路的坎坷将会是你到达顶峰的台阶。人生很多时候都要忍辱负重，要有抗压能力，我自己也是不知忍受了多少欺辱，一步步坚持才走到了今天。

我还曾经给刚毕业的大学生们写过一段忠告：一个人在工作中不怕没有经验，就怕不去总结经验；不怕没有工作，就怕有了工作不会做；不怕人人比我强，就怕自己不努力；不怕做基层，就怕心比天高。

大千世界，精彩纷繁，如果你内心迷茫，有了躺平的心态，可以看一下我上面的分析。我有时候会告诉一些陷入迷茫的孩子，社会在不停发展，我们身处其中，要融入社会，而不是让社会融入我们，所以多找下自己的原因，积极调整和改变。我讲过，做人与其抱怨，不如改变，越是泥泞道路，留下的足迹越清晰；越是陡峭山峰，看到景致越美妙。世上没有平白无故的成功，所有的鲜花都是汗水浇灌而来，一旦选准自己要走的道路，就勇敢地走下去，再难也要坚持，再远也不要放弃。天道酬勤，一分耕耘未必有一分收获，但九分耕耘一定会有一分收获。

2.3 增强心量，为自我改变续航

心安，行安，事安，你的心安了，行为就安，你的行为安了，事情就稳妥安定了。很多人的心不稳定，心不稳定的时候思维意识就乱，思维意识乱了就走不出自己的心，很难自我改变。心不稳定的原因是心的能量不够强大，也就是我们常说的心力匮乏、心量不足。

一个人的心可以承载非常广泛的情感，包容万象，可是每个人的心包容指数不一样。有的人心胸宽广，我们形容他们的心胸像大海、宰相肚里能撑船，这种人心中能量充足；有的人心量不足，其中最典型的表现就是：看谁都像是在欺负自己。

有一对父母找我咨询，我预测他们儿子的学业会面临一些问题，让他们多加注意。果不其然，他们的儿子在读研究生，一直抱怨导师事情太多，时间观念太差，比较拖沓，很多问题答复不及时，影响了自己毕业论文的进展。另外，导师安排不动研一的几个学生，就把很多工作量压在他这个研二的学长身上……

我告诉他们，这些抱怨已经影响到孩子的心态了，心态、状态决定事态，如果继续这样下去，结局很危险，孩子会越来越反感，想要摆脱这位导师，甚至很可能放弃读研，最后伤害到的是自己和家庭。

孩子心态的不稳定，根本原因是心中能量不足，家长需要帮助孩子调整下思维，走出这种心态：首先，导师把很多事情交给你来做，这是对你的信任，也是你成长的机会，跟着导师读研不就是为了学本领吗？其次，不要抱怨其他同学偷懒，我们只能管好自己，别人的懒惰也正好给了我们机会；最后，看问题要眼光长远，将来到了社会上，工作中还会遇到很多这样的事情，正是因为你付出比别人多，领导才会把升职加薪的机会给你。当孩子心中的能量充足，思维意识得到转变，一定会是同学中成长最快的那一个。

关于未来的发展，研究生毕业之后是先工作，还是继续读博，我建议他们先让孩子参加工作，毕竟博士以后也可以读，当下更重要的是磨炼一下孩子的毅力。现在的表现来看，孩子承受能力有点弱，有了更强大的心量再去读博，相信能有更大的收获。

我的助理刚到我身边工作的时候还是一个初出茅庐的大学生，社会经验更是一张白纸，他作为办公室唯一的男生，什么脏活累活都让他来干。但他任劳任怨，非常努力，拼命付出，光是在公司打地铺就持续了两年，而且这两年里面没有工资拿。当初和他一起来的那些同龄人只有他留了下来，现在的他也由“小王”成为名副其实的王总，打理着公司的大小事务。如果他心中的能量不足，心态不稳，心量不强，不可能坚持下来。或者他的父母觉得儿子每天干脏活、累活，受了委屈，让他别干了，回家去，也不可能有今天的他。

心的能量强大了，可以改变一个人的命运。有人说生辰八字中蕴含着一个人的命，每个人的命都是上天注定的，有的人就是命中注定没有财运，有的人就是命中注定要离婚，但我说心的能量强大了，命就会改变，心才是生辰八字运势的主宰。

有一位女性咨询者心量比较小，总觉得别人都在欺负她，工作上和领导、同事处不好关系，所以辞职了。她在家里和老公、公婆也处不好关系，家里乌烟瘴气，全是负能量，最后老公有了外遇，两个人离了婚。如果说生辰八字决定了一个人的命的话，那她就是那种命中注定人生惨败的人。通过后来的接触，我跟她讲，你的心中缺乏能量，如果之前我们早点认识，帮你补足能量，你的命运应该会是另外一番样子。

首先，我会找到问题的原点、基本点，了解是什么导致了这一切发生。她心的能量太少，控制不住情绪，也无法改变自己的性格。并且她身上负能量太多，性格和脾气太急躁，处理不好人际关系，对同事和家人怨气太大，遇到问题不懂得自我反思，而是把责任都推到别人身上。所以，我先要做的就是排除她身上的负能量。

其次，负能量排除之后，我再引导她转变思维意识，建立正确的认知，给她注入正能量。当她心的能量多了，心量大了，生命势能也随之提高，能做到和谐家庭、和谐社会，家庭和工作的问题便迎刃而解。

心态决定状态，状态决定结果，当一个人心量不足，心态就不稳定，就不会有一个好的结果。所以人生需要充足的心量，稳定的心态，才会有正的能量场，你的人生才会更精彩！

增强一个人心量的方法有很多种，除了上面说的排除负能量、注入正能量之外，减少对外界欲望的渴求也是一种方法。外界的欲望容易把人的精力和能量耗尽，当心中被外界的欲望占满，心量也就随之越来越低。我们要相信，每个人的内心、潜意识本就无比丰富，不需要以外界欲望来填满。

再比如，学会接纳也是一种增强心量的方法。保持乐观的心态，相信奇迹发生，不去执着不可改变的事物，不用负面情绪消耗自己，感谢生命的恩典，把生命当成一份礼物，去享受人生，即便遭遇痛苦和磨难，也去享受与痛苦、磨难斗争的日子。

关于保持一个好的心态，我说过，人活着一定要懂得无事心不空，有事心不乱，大事心不畏，小事心不慢。人生就是这样，走一步一步风景，进一步一步欢喜。原来以为重要的事情，回望时发现并没有那么重要；原来以为恐惧的事情，再回望，发现也不过如此。人生的悲欢离合，酸甜苦辣，皆系于心，心态若安好，就没有过不去的坎。淡看花开落，笑视云舒卷，有了一个好心态，才能活得轻松，才能欣赏人生的美景。

所有这些方法都是在用内在的力量改变自己，我常说一个人的心量有多大，他能承载的财富和福报就有多大，他的生命势能就有多高。

第三节　学会借力，链接高人

3.1 学会链接身边高势能的人

一个人重塑自我需要发自内心地改变，这种改变是向内求的，但这并不意味着所有事情必须孤军奋战。每个人的天分和领悟能力不同，能量的高度不同，很容易碰到天花板，要想再往上走，需要外求，借助高人指点。

所谓高人，是指生命势能高的人，他们拥有更丰富的阅历，对生命有更多觉悟，跟他们交谈，往往是"听君一席话，胜读十年书"。他们的点拨或者加持会给你注入能量，帮你少走弯路，更快走上自我塑造的正确轨道。我曾经给大家举例子，很多病不用治疗也可以康复，但要经历漫长的自愈期，医生开个药，病就好得快。中国有句俗话讲：读万卷书不如行万里路，行万里路不如阅人无数，阅人无数不如名师指路，这里的名师就是高人。

每个人身边都有高人，要学会借势，借助高人的势能。有很多学员懂得借势，经常到我的身边来学习，他们感觉和我在一起提升特别快，因为有困惑可以随时向我请教，大家都是志同道合的人，能量场很强大。前些年凭借房地产市场爆发，瓷砖行业也非常火热，一位本地商人与合伙人经过缜密调研，准备进入这个领域，首期投资 500 万元，这位商人担任总经理。就在项目上马之前，他找到我咨询，我当即制止。此时资金已经到位，合伙人热情高涨，但听到我的意见，他还是毫不犹豫终止了项目，并亲自到合伙人处赔礼道歉。结果三个月后，大环境急转直下，环保大督查、行业大整顿接踵而来，业内哀嚎一片。这位商人此时才如梦初醒，对我说，您一句话挽救了我们500万的损失，如果真赔了，一辈子都填不上这个窟窿。我愿意帮助身边的人少走错路，少走弯路，这也是他们愿意在我身边的原因。

我建议大家要多跟生命势能高、能量强的人在一起，这样能确保自己长时间处于好的能量场内，发出正确的频率，只有正确的频率才能吸引来正能量。其次，高势能人士的举手投足、一言一行都比普通人更有能量，不经意的只言片语便可把你点醒。但是，毕竟内求才是改变的根本，只有发自内心愿意改变，外力才有发挥作用的基础，如我前面所讲：就算我想帮你，你也得伸出手来才行。

曾经有人找我咨询，希望能改变下自己的运势，进入有钱人的圈子，我告诉他第一步就是放弃之前的狐朋狗友，以现在的行为状态，不内求改变，即便有一天进了有钱人的圈子，也融入不进去。我在《内在的力量》一书中讲过如何帮助一位学员不断提升自己，开发潜意识中的能量，最后实现年薪百万的故事，其实这个故事背后还有另外一些信息。

这位学员我们管他叫A，因为接连遭遇一些打击，出现了精神危机。A找到我求助，我便慢慢训练他，激活他潜意识中的能量，帮他提升生命势能，走出困境。在这个过程中，除了我的教导之外，他发自内心地求变也很关键，这份内求的力量，表现为学习力、进取心、自我驱动。

A 一开始在我这里做了三年义工，期间有一位我的咨询者是建材商，我知道他要招聘一位业务总经理，悄悄安排 A 去应聘。没过几天，这位建材商跟我聊天的时候透露，他前几天面试了一位应聘者，结果不理想，这位求职者从思想到相貌再到言谈举止，都不符合要求。我当时并没有把这些话转述给 A，只告诉他你还有很大的提升空间，要努力做出改变。

我多次评价 A:“你最大优点就是愿意改，愿意学，愿意进步。”这一点让他成长非常快，此后的半年里，在我的严厉督导下，他各方面能力都突飞猛进。有一次他犯了一个错误，把一件正常的事情搞偏了，我发现了他的懈怠，就把当初的实情告诉他，我说：你还记得我让你去应聘吗？是不是人家后来没有再联系你？我之所以这么严格要求你，就是希望能把你培养出来，把你塑造出来。我用这样的话去刺激他、打击他，是为了唤起他身上那股自我求变的劲头。

我还跟他承诺，你只要按照我说的去做，不出两个月，肯定会有人来请你，到那时候你就可以出山了。后面发生的故事就是前面说的，果然在两个月内另外一个机会出现，A 为一家陶瓷企业制定了一套销售方案，分析了行业趋势、市场形势，给出了自己的解决措施，既有高度又能落地，结果证明这个方案是可行的，A 也成了这家企业的市场总监，年薪百万。

最令我欣慰的是，A 自己的生命势能得到提高之后，他又去积极帮助别人，用他的大爱和能力去链接有需要的人、处在困境中的人、走不出自己心的人。有一次，他甚至从天台上救下了一条人命。

一位西安地产商，因为在国外居住多年，名下的资产被丈夫偷偷做了抵押担保，等她回国之后，发现不仅财产被动了手脚，丈夫还在外面跟别人生了一个孩子。她精神上受到了打击，于是找我咨询。那段时间我因为在国外出差，也知道 A 这些年在潜意识开发、生命势能提升方面进步很大，于是让他去帮助一下这位女士。

A 通过视频的方式，很快取得了这位女士的信任，尤其是他能把对方的心态、性格和一些事情准确地预测和描述出来。两个人隔几天沟通一次，A 不断帮她理清所面临的难题，事情逐渐开始向着好的方向发展。但突然在某个晚上，A 接到了这位女士想要跳楼的电话，他成了对方在那个时刻唯一能抓住的救命稻草。

这位女士名下的写字楼被丈夫抵押借了高利贷，光利息都已经是一个天文数字，去法院起诉结果也不理想。一天晚上，放高利贷的人竟然逼迫她签字低价卖楼。如果这座楼低价卖掉，除去贷款和利息，自己将一无所有。她感到生活无望，想从 18 楼跳下去，彻底解脱。但她又不甘心，于是给 A 打去了电话。

A 知道她此时意识处于混乱中，已经走不出自己的心，极限压力之下只想尽快解脱。他让对方千万不要跳楼，让她先找一个安静的地方，两个人通视频之后一起静坐，这个过程相当于 A 把一股无形的能量传递给对方，让对方能冷静下来。静坐了 20 分钟之后，这位女士表示脚底有点发热，有一股蚂蚁往上爬的感觉，头脑也清醒了很多，这说明静坐起了作用。A看她已经清醒，能听人劝了，就让她赶紧手机关机，悄悄下楼走掉，千万不要在冲动下签字，只要避过今晚，后面一定会有转机。

果然，那晚之后，这座楼被另外一家机构相中，给出的价格也是公允的市场价，虽然后面的交易另有波折，但再困难也不会比那一晚艰难。这位女士走过生死边缘，已经彻底走出了自己的心，加之A不断帮她做心理辅导，注入了正能量，她的思维越来越清晰，财务问题很快得到了解决。

我回国之后，听到A讲述了这件事，那天晚上他动用了大量的能量，毕竟关系着一条生命，所以也跟着元气大伤，休息了好久才恢复。但我看到他能够在自己提升之后去帮助别人，成为别人生命中可以借力和求助的高人，由衷感到高兴和欣慰。我也希望每个人工作中、生活中都能有可以借力和求助的高势能人士。

3.2 如何把高人变成贵人？

很多人觉得自己怀才不遇，距离成功只差一个机会，但最终没有高人指点和帮助，因而一事无成。也有一些人身边总有高人，无论遇到什么困难，都有人愿意出手提携，逢凶化吉。有人说这是命好，我说机会都是留给有准备的人，高势能人士本身能量就比别人强，身边需要帮助的人很多，如何让高人愿意帮助你，而不是别人呢？

因为30年间帮过很多人，所以经常有人说我是他们的贵人，我会告诉他们，每个人的潜意识中都蕴含着巨大的能量，我只是那个引导他们发现这股能量、改变自己的引路人。每个人最大的贵人是自己，如果自己不努力，就不会散发出正确的频率，无法吸引到高势能人士的能量。如何吸引到高人帮助，并且让高人常驻身边，我认为主要有以下三点。

第一点，当你势能比较低的时候，不要吝啬从小事做起。

曾经有一位咨询者跟我讲述他的烦恼，自己有机会接触到上层的圈子，但可惜自己没有能力，想要融入进去更是难如登天。我给他指了一条道路，你可以从小事做起，从底层做起，给别人开车当司机，办公室里打杂，甚至到他们家里帮忙做点家务，这都是机会。如果你势能比较低的时候心比天高，那只有一个结局，就是命比纸薄。

从小事做起，从底层做起，一来让高人看到你身上的闪光点，这个闪光点更多指的是态度，因为你此时的能力还不足以吸引高人关注，但一个积极的态度就是好的开始；二来自己的能力也能得到锻炼和提升。有态度，有能力，机会来临才能接得住。前面案例中的 A 之所以能够拿到年薪百万的工作，和之前勤勤恳恳磨炼了三年是分不开的，这三年里他每天都在学习和提升。

我说过，人生晚吃苦不如早吃苦。人生是很累的，你现在不累，以后就会更累。人生是很苦的，你现在不苦，以后就会更苦。万物相生相克，无下则无上，无低则无高，无苦则无甜，唯累过方得闲，唯苦过方知甜。趁着年轻，大胆地走出去，去迎接风霜雨雪的洗礼，练就一颗忍耐、豁达、睿智的心，幸福才会来，贵人才会来。

第二点，保持上进，否则贵人也会离你而去。

每个人最大的贵人是自己，如果自己不努力，即便依靠外力取得了一些成就，也很容易失去。前面讲到A通过努力，拿到了年薪百万的工作，这种人在世界上还有很多。是不是拿到年薪百万的工作就意味着万事大吉了？我一直强调世界上没有一劳永逸的事情，当你开始自满，故步自封，不再追求进步，能量场也会随之改变，前面辛辛苦苦得到的也会失去。

有一位咨询者也是年薪百万，他就是一个反面的案例。他通过自身努力，加上生命中的贵人提携，得到了一份不错的工作，但从那之后，他的自我意识开始膨胀，总觉得自己年薪百万，非常了不起，开始看不起身边的人，包括自己家人。除此之外，他还迷上了炒股，希望赚快钱，有了投机心理。

我帮他分析，说是这100万害了你，让你失去对自己的正确认知，走不出自己的心。人应该在自己的认知度内思考和决策，炒股并非你的擅长领域，急匆匆入场的结果可想而知。更可怕的是，当你痴迷炒股的时候，荒废了正业，要知道老板可是因为你的业务能力才给你年薪百万。所以，你应该做的是，把精力投入到提高工作能力上去，为公司创造更多价值的同时，让自己不可替代，而不是在认知度之外去赌运气。反过来，如果因为不务正业耽误了工作，年薪百万的工作自然也就丢了。老板不是傻子，如果你停止进步，甚至成为一股负能量，贵人也会一夜之间把你抛弃。我的分析让他幡然醒悟。

当一个人得到高势能人士的帮助，人生提升了一个维度，应该继续努力，让高人愿意继续帮助你，因为高人都是智者，智者永远愿意为自己看好的和有回报的事情下注。但相应地，当你从5楼来到100楼，能看到的景色越多，受到的诱惑也越大，很容易膨胀。并且100楼的风要比5楼大很多，这时候就看你有没有定力，有没有充足的能量，是继续更上一层楼，还是被风吹跑。

第三点，放下自我，臣服下来。

面对高势能的人要先放下自我，臣服下来，这不仅是一种谦卑，当一个人把心放下来的时候，才能链接到正确的频率，才能生出智慧，才能有新的开始。我的咨询者很多，遍布国内外各行各业，各个阶层，但不管是谁，我都会提醒他们，暂时把自己的身份、身价和面子放一边。在这一点上，我对亿万富翁和普通人的要求是一样的，否则不同的心态，不同的频率，效果自然也不同。将心比心，只有彻底把自己交出去，放下自我，臣服下来，高势能的人才能将你视为可信任的人，才愿意与你长期相处。

第四章
排除负能量

第一节　负能量毁了你的一生

1.1 负能量出不去，正能量进不来

世间万物、宇宙万象本质皆是能量，我在能量研究领域深耕了几十年，亲眼见证能量这个概念逐渐推广开来，被更多人知道。不过，大家提起能量，更多的还是聚焦在“正能量”上，而我则更多的是去普及和强调“负能量”的影响。

简单来说，对我们健康、事业、家庭、运程有益的，对社会和谐、对世界发展有促进作用的就是正能量；反过来讲，有害的则是负能量。之所以更关注负能量，是因为我知道负能量影响范围更广，危害性也更大。一个人身上正能量不够多，最多就是个普通人，平庸的人，但一个人身上负能量聚集，这个人就会非常危险，对自己和身边的环境具有破坏性的影响。《内在的力量》中我也讲过：

正能量能提升一个人，让人站上更高的舞台，而负能量却是能要人命的。

负能量的危害是系统性的，影响之大超出常人的认知。这样的说法并非危言耸听，生命势能的来源是潜意识，每个人的潜意识中蕴含着无穷的能量，而负能量则是开发潜意识道路上最大的障碍。如果说人的意识和潜意识之间有一条通道，负能量便是这条通道中的垃圾。一个人身上负能量聚集，垃圾堆积，便会把释放潜意识能量的通道“堵死”，这也是很多人被负能量包围后人生从此一蹶不振的原因。

负能量会破坏人的能量场，不好的能量场让人痛苦、茫然、思维意识混乱，人在这种状态下无法静心思考，辨别力、分析力、判断力三力不清，不可能做出正确的决定，无法发出正确的频率，也就吸引不到正能量。雪上加霜的是，错误的频率还会吸引来负能量，导致负能量越聚越多。如果一个人身上正能量少，负能量多，没有足够的能量打通潜意识的通道，也就无法获取潜意识中的能量和智慧，无法提升生命势能。

我有时候会用“阴阳”的说法来讲正能量、负能量，天地日月，金木水火，世间万物都可以分阴阳，人也可以分阴阳，能量也可以分阴阳，正能量是阳，负能量是阴。如果一个人正能量满满，那这个人就充满阳气，处于一种和谐的状态；如果一个人负能量多过正能量，那这个人就阴气沉沉，要倒霉了。如果我们把一个人身上的负能量清除，正能量多过负能量，那他的心态、状态、事态自然就变好了。所以，消除负能量，增强正能量，将给人生带来巨大改变。

很多人无所归属，一生苦闷，很多人怨恨自己无能，难以成功，还有很多人抱怨老天不赐予机会，其实这背后都源自你的意识。你的意识处于何种频率，就会散发出什么样的磁场，吸引到同等频率的事物，这就是吸引力法则。如何运用好这个法则，我曾讲过，要想让意识发出正确的频率，先要把体内的负能量排泄出去。只有这样，当正确频率吸引来好的事物，你才能接得住，这就叫负能量出不去，正能量进不来。当你的身体和精神被负能量充斥，便没有正能量存在的空间。

曾经有一位 30 岁左右的姑娘，在母亲的陪同下来找我咨询姻缘。她生活在单亲家庭，母亲一个人把她带大，她相过很多次亲，始终找不到满意的，自己也非常着急。我直接指出，单亲家庭的成长经历给了你太多创伤，心中充满负能量，这股负能量不但影响了你的成长历程，还导致你今天不敢面对婚姻，不敢面对感情，你害怕重蹈父母失败婚姻的覆辙。如果从小植入潜意识的这股负能量不清理掉，恐怕走不出恐惧婚姻的泥潭。我指出了她潜意识中的负能量，并积极开导她，化解这股负能量，让她意识到幸福可以掌握在自己手中，要积极、勇敢面对生活；让她不要总把事情往不好的方面去想，你想什么就会来什么；最后，我让她多多体谅单亲妈妈的不易，多为亲人考虑……当心结打开，负能量消散，这位姑娘重拾信心，立刻着手做了相亲安排，去争取自己的幸福生活。而她的母亲看到女儿的改变也眼含热泪，终于放下心来，这位单身母亲多年的付出终于得到认可和体谅，苦闷烟消云散，心中的负能量也被排除。

玛丽莎是一位美国舞蹈演员，给很多知名流行歌手做过伴舞，在纽约、洛杉矶、旧金山都登台表演过。我在美国开课的时候她找到我，一开始说身体不舒服，总觉腹部疼痛，但经过全方位的沟通下来，我知道她的问题不出在身体上。我跟她讲：你经常跟父母吵架、顶嘴，你的家庭关系中充满了负能量；你脾气暴躁，没有耐心，这是你意识中的负能量；虽然你参加过很多演出，和很多明星同台，但你仍然不够自信，害怕没有工作机会，这是你性格中的负能量。受到这些负能量的综合影响，你开始幻觉性疼痛，负能量才是你身体不舒服的根本原因。

玛丽莎开始参加我的排泄负能量课程，每天要坐两三个小时的车来上课，后来还参加过我在巴厘岛等地开设的课程。随着负能量被排出，她感觉身体越来越舒畅，工作机会也在变多，无论是举办活动、明星演唱会，还是电视节目，经常找她去伴舞。此外，她内心越来越友好，变得更有耐心，不再害怕当众表达自己，与父母和身边人的关系得到了极大改善。我还曾邀请她到中国来玩了一段时间，她与国内的学员们结下了深厚的友谊。

排除负能量改变人生的案例我每天都能遇到，我也见证过无数次人生在苦难中开出花朵的奇迹。至此我们已经充分认识到负能量的危害之广、危害之深，排除负能量对人生的改变之大、影响之巨。

1.2 负能量之“癌”无处不在

负能量无处不在，每个人身上或多或少都有，当负能量积攒到一定程度，这个人就会诸事不顺，一直“倒霉”。能量以频率的形式存在，看不见、摸不着，于是多数人便忽视了负能量对自己身、心、灵的危害，多年来背负着负能量生活，深受其苦，却又找不到根源，无法对症下药。

我每天授课、咨询助人，便是在与各种各样的负能量打交道。负能量无处不在，对人们影响范围之广，危害之大，在我经手的案例中体现得淋漓尽致！

小刘是本地医院的医生，有着一份令人羡慕的工作，但她婚姻不幸福。当她发现自己家庭出现危机，便四处求助，但是没有人能帮到她，后来经人介绍找到了我。当她讲述家庭矛盾时，不停抱怨、吐槽身边所有人，感觉谁都对不起她。我告诉她，你现在身上充满了负能量：首先是潜意识中的负能量，因为你从小不在父母身边，没有安全感，导致和家人之间缺乏亲情，并把这种负能量带到了自己的婚姻中；其次是意识中有负能量，你喜欢抱怨和埋怨，不能很好地反思自己，不能与老公正常沟通，与亲友疏离；第三是身体上的负能量，因为你现在很憔悴，很虚弱，再这样下去会病倒。

我为小刘安排了排除负能量的课程和咨询，随着负能量的排除，小刘的思维意识逐渐稳定下来，能正视自己的生活状态。婚姻方面，她发现了自己婚姻经营中出现的问题，也发现了自己身上的问题，她认真总结和分析，想方设法去解决，也积极寻求帮助，虽然最终还是因为很多问题无法沟通而选择了离婚，但也因此找到了自己，开启了新的生活；家庭方面，她走出和父母的冷淡关系，感受到了父母的爱，也把这份爱传递给自己的孩子；工作方面，她的思维变得清晰，感知力增强，越来越多病人找她挂号看病；性格方面，原本不愿意讲话，不懂人情世故的她，排除负能量后克服了胆怯，积极上台表达，组织会议，甚至还代表单位去参加演讲比赛。思想得到解放之后，她还重新和之前的老师联系，积极适应社会。

这番改变下来，这位医生自称被我激发了内在的力量，重建了能量场，现在充满使命感，愿意多去帮助身边的人，让人生变得有意义，努力实现人生价值最大化。

小苏是一位新加坡 95 后小伙子，之前上过我的排泄负能量课程，在课堂上感受到能量后身体有一些反应，于是找我咨询。他讲述了自己大学毕业后如何做销售，从新人到带团队，手下有 20 多个人，但是业绩总是差强人意，很多关键时刻缺一点运气。我告诉他，你人品很好，做事比较勤劳，值得信任，这是你身上的正能量。但是，你骨子里缺乏自信，缺乏领导力，这是你身上的负能量。你的正能量让老板放心把团队交给你来带，但你的负能量导致你带团队业绩上不去，也无法结识更高级别的人脉，上升通道被堵死，事业遇到瓶颈。

小苏很认可这番评价，特意飞到中国，请我帮他排除负能量。之后他明显感觉精力旺盛了很多，原本他睡眠低于 6 个小时就会萎靡不振、精力不足，结果回国的路上只睡了 3 个小时，落地后工作了一整天，一点都不累。因为负能量被排除，自信心有明显提升，原先不敢直接面对的大客户、高净值人群，现在不再紧张，能掌控住局面，结识的人脉财富水平和职务越来越高，获取到了更多资源。

…………

这些只是我经手案例中的九牛一毛，人们的生活被负能量笼罩、侵袭、破坏、伤害，每天都在上演。家庭中的不和睦、离婚率逐年上升、孩子教育失败；工作中的不自信、没有领导力，以及上下级缺乏信任、同事关系冷漠；性格中的贪欲、傲慢、自私、抱怨；社会风气中的不讲诚信、没有道德底线……所有这些损害了我们个人成长、家庭幸福、社会发展的问题，本质上都是负能量造成的。

我把负能量形容为一种“癌”，这种“癌”已经扩散到当代人们工作、家庭、生活的各个方面，每个人都或多或少沾染了一点，身上都带着负能量，所以说大家都是“病人”，迫切需要治疗。开发潜意识，提升生命势能的过程，便是不断排除负能量的过程。

相信读到这里人们最关心的问题是：那我该如何排除身上的负能量呢？排除负能量的前提是识别负能量，下面我们就来认识一下，一个人身上可能会有哪些负能量。

第二节　你身上都有哪些负能量？

2.1 身体层面的负能量

身体是一个人在世间行走和修行的载体，身体层面的负能量会影响人的身体健康。一个人失去了健康，自然也就失去了积极向上的心态和斗志，这种能量场下，开发潜意识、提升生命势能无从谈起。

人是血肉之躯，吃五谷杂粮，身体层面的负能量主要受三大来源影响，分别是：饮食、环境和情绪。

第一来源是饮食。关于饮食，要注重营养，少吃垃圾食品，也不可营养过剩，尤其是少吃点肉。不合理的饮食，不合理的饮水，都会导致体内各种器官的病变。人的身体本身是通透的，只要通透了就不会生病，不要让不健康的饮食破坏这种通透。

第二来源是环境。人不是生活在温室的花朵，而是时刻暴露在各种环境中。空气污染让人身体受到损害。恶劣天气下，身体容易生病，炎炎夏日会让人中暑，刮风下雨会让人着凉。君子不立危墙之下，聪明的人不会让自己处于危险的环境中。

每个地区都有自己的气候条件、特色物产、生活习惯，它们综合造就了各地不同的能量场。我们都知道不同地区的人性格不同，但忽视了不同地区的能量场给身体带来的影响。沿海地区比较潮湿，湿气重；盆地雨水多、雾多，往往有寒气；干燥地区风大，容易缺水……这些不同的地区磁场波动频率不同，聚集到的能量不一样，适应不同的人群在此生存。人体也有自己的磁场频率，所以说我们生活在哪里很重要，有的人我会说你不适合在这里发展，可以换一个地方，或者出国发展，背后很大的一部分考量就是个体与地区环境磁场频率的匹配度。

第三来源是情绪。当一个人的思维意识出了问题，身体肯定会狂躁不安，这种情况下，会出现亢奋、抑郁、自闭等表现，心理承受巨大压力，导致身体气血堵塞。一项健康课题调查显示，我国城市女性癌症患者中，70% 存在共同的性格特点：喜欢钻牛角尖、压抑情绪、争强好胜。也有外国医学者通过数据总结得出：长期拘谨、较真、不爱表达、压抑情绪的人更容易患胃癌；长期性格内向、孤僻的人更容易得脑瘤和淋巴瘤；喜欢吹毛求疵、苛刻的人更容易得消化道癌。

通则不痛，痛则不通，如果一个人长时间压抑、亢奋，精神会出问题，心情、心理、心灵有问题就会导致甲状腺结节、甲状腺癌、乳腺癌、子宫肌瘤和一些妇科癌症，以及肝癌、肺癌等各种的癌症，这其实就是体内负能量的一种淤堵、淤积，从而导致各种病症的体现。同理，脑卒中、心肌梗死、脑梗就是心脏血管和脑部血管出现了淤积、堵塞，气血不能很好地畅通，甚至出现血管破裂；身体上关节、腰椎疼痛，大家都知道尿酸过高会引起痛风，体内的浊物堵在指头上、胳膊上，就会出现疼痛，引发类风湿等各种关节疾病。按照中医的理论，负能量的淤积、堵塞是造成身体疾病的主要原因。

此外，人与人之间的情感和互动也会影响身体，这里面最典型的就是性生活对一个人的影响。性的传递会影响一个人的身体状态，合理的性生活可以调节身体，让两个人完成共修，身体也能达到阴阳平衡；不合理的性生活、性欲过旺、纵欲过度会损害人们的肾和精气，伤害身体，还会影响一个人的运势和灵魂层面的修为。

有人认为性生活只是一种身体需求，但生理需求背后离不开思维意识的指令，人类毕竟不是普通的动物。但人对思维意识到底能掌控多少？大部分掌控不了。人的大脑总是喜欢追求新鲜、刺激的事物，很多原本不该发生的性，就在特定环境、特定状态下发生了，更不用说层出不穷的性丑闻。年轻人寻求刺激还会找一夜情，甚至很多在外打工的男女组建临时家庭，寻求性伴侣……这是人类的一种自我沦落，这种通过性传递的负能量会带来不好的磁场频率，干扰身体和运势。很多老板来到我面前，说路老师我突然就运不好了，我会直接说因为你有外遇了，这种事情基本都能被我说中。

没有自控力的性是危险的，思维意识不能增强和转变，人类将失去原则，失去底线。社会将走向何方？人类将走向何方？这是非常可怕的问题。所以排除负能量，让思维意识中的正能量增强，牢牢掌控自己行为和思想的控制权，是对我们自己的身体和思想负责，也是对年轻人和下一代负责。

负能量在身体层面的表现有时候不是那么严重，还没有达到疾病的程度，但总是让人觉得不舒服，无精打采，去医院也查不出什么病因，这就是当下非常普遍的亚健康问题，广泛存在于生活不规律、不注重锻炼、体内堆积了各种负能量的人群中。

表面上看，亚健康只是负能量对身体健康的轻度破坏，但当负能量在一个人身上长期积累，量变引起质变，便会引发身体的病变。同时，长期亚健康也会转化为一股精神压力、不良心理因素，阻碍身体的气脉运行，消耗脏器的正能量和脏腑的元气，使器官失去正常的代谢和生理功能，影响身体健康。

都说身体是革命的本钱，身体也是提升生命势能的本钱，每个人都要搞清楚身体层面存在的负能量，为自己的身体建立一份健康档案。

2.2 意识层面的负能量

意识层面的负能量是指一个人日常生活中负面的情绪，比如傲慢、膨胀、抱怨、自卑、自私、贪婪、攀比、焦虑、沮丧等，典型表现就是情绪不稳定，莫名地烦躁，发无名之火，再就是情绪失落，否定自己，陷入沮丧和抑郁。

有一位丈夫后悔打了自己的妻子，他对我说："我当时也不想打她，但不知道为什么就是控制不住自己。"也曾经有妈妈对我说："我不知道为什么要指责孩子，骂过之后又后悔。"我无意为犯错的人辩解，只是想指出这些错误背后的原因，为什么很多人容易情绪失控：夫妻吵架之后抱头痛哭，自责不已；妈妈责备和打骂孩子，又愧疚地落泪，发誓以后再也不这样了，可下次还是控制不住自己。明知这样做是错误的，但仍旧被情绪控制，这是负能量作用于一个人意识层面的表现。

意识层面的负能量轻则让人睡眠质量差、失眠、精力低下和情绪不稳定，重则让人失去辨别力、分析力、判断力，陷入抑郁，直接毁掉一个人的家庭和事业。意识和潜意识之间有一条通道链接，意识层面的负能量太多、太强大，会阻碍潜意识里面的智慧和能量的释放，无法提升生命势能。

开发潜意识，提升生命势能，需要扫除意识和潜意识通道中的阻碍，清除意识层面的负能量。下面我就结合自己从业三十载的经验，选出最困扰人们生活、最具破坏力的几种意识层面负能量，重点讲解一下。

膨胀与傲慢

人在意识中总是高估、美化自己，把对自己有利的因素归于自身，对自己不利的因素则推给外界。举个常见的例子：当一个人获得升职的时候，他会觉得这是自己的实力和勤奋的回报，但如果升职的人不是他，而是另有其人，那他的想法就没有这么单纯了，他可能会觉得那个升职的同事是个马屁精，或者老板是个傻瓜。

人总是自我感觉良好，取得了一点成绩就容易膨胀。如果一个人膨胀了，那他之前积累的成就很快就会失去。很多人事业上得到提升后，开始浮躁，开始膨胀，生长出傲慢心，言谈举止、为人处世让人不舒服。即便他们有时候出于好心，但做事的方式、方法和态度还是会让人感到不适。职场上经常会出现这样的人，工作能力很强，得到老板的赏识，但身上的傲慢让他无法和同事真正地融合，没有团队精神，这种人在团队中起到的是负面作用，对企业的破坏性很大。

抱怨与唠叨

有一个很经典的场景：

男人在外面劳累了一天，下班回家后首先听到的就是老婆的抱怨。男人身上也有负能量，脾气一下子上来，两个人大吵一架，顿时让家中充满了负能量。

这个时候孩子放学回来了，老婆看到孩子放下书包就去看电视，又开始唠叨，慢慢唠叨变成指责：花钱供你读书，你看你考试考了多少分，连作业也不做，每次都要催，每天都要做到后半夜。

爷爷奶奶听到孙子被训，心疼了，赶忙出来护短。这时候老婆又开始对公婆抱怨，瞧你们儿子，赚不了几个钱回家，脾气倒不小，天天跟我吵架，你们也不好好管一下……

孩子原本挺开心，还想跟爸爸妈妈分享一下当天的开心事，被一通责骂后，心情瞬间跌落谷底，趁着妈妈不注意的时候，跟爷爷奶奶抱怨：我妈是不是疯了！

至此，家中已乌烟瘴气，被负能量占满，谁看谁都不顺眼。

起初只是几句抱怨，最后引发了连环“车祸”，造成家庭不和睦。所以，不要再以为自己只是简单地唠叨几句，有时候它会引起龙卷风。

女人是一个家庭的主源，是家庭的中枢，对老人、孩子的影响力往往比丈夫要大，要安抚双方父母，融洽夫妻关系，还要教育孩子，是三代人的支柱，直接决定了家庭的幸福和睦。因此女人承担了更多责任和压力，所以女人更容易发火、抱怨、唠叨。我建议女人用其他方式排泄负面情绪，抱怨和唠叨的杀伤力比一般人想象得大很多。

抱怨是普通人身上最常见的负能量，并且抱怨会传染，当一个人身边有人喜欢抱怨，他的情绪也会受影响。当下社会有很多人生活在抱怨中，女人在一起就抱怨家庭，抱怨丈夫和孩子，抱怨公婆；男人在一起抱怨工作，抱怨社会……抱怨的人多了，会形成一股社会的负能量，生活在这种能量场中的人，思维意识会被阻碍，生活会被干扰，运势受到影响。

还是拿女人的抱怨和唠叨来举例：

有一种女人，喜欢把自己的家务事抱怨给周围人听，这是一种愚蠢的做法。这样的抱怨能给你带来什么？如果你对另一半不满意，想要离婚，可以不用忌讳，可以肆无忌惮去发泄，否则你的抱怨会对家人造成负面影响。把丈夫名声搞臭了，又不离婚，后果还是自己来背负，自食恶果。如果你不想离婚，还想继续过下去，你应该去维系这个家庭，而不是在外人面前抱怨，别人帮不到你，只会适得其反。

有一种女人，和丈夫一吵架就往娘家跑，我说你回娘家的目的是什么？给男人告状吗？如果是告状，还不如去跟公婆说一下。回娘家唠叨婆家和丈夫的不好，跟爸妈诉苦，这是一种不负责任的表现。你一通抱怨倒是发泄了，可是父母能不为你担心吗？父母疼爱自己的孩子是人之常情，是人性。你回娘家抱怨和唠叨，把负能量和压力传递给了父母，父母自然对你的丈夫和婆家有意见，事态开始升级，矛盾开始发酵。

还有一种女人，越是在公开场合，在男人的圈子里，越喜欢抱怨、贬低丈夫。聚会的时候，她总要找机会贬低丈夫几句。这也是女人不智慧的表现，这种抱怨和贬低能对另一半起到多少鞭策作用呢？又能给你加多少分？

在外面抱怨，回娘家抱怨，在公共场合抱怨，至少 90% 的女人都有过这种行为，这已经成为一个普遍的社会现象。有人觉得抱怨和唠叨只是想发泄一下，但智慧的女人不会这么做。因为抱怨和唠叨是一股负能量，会伤害到家庭，而且你不能保证这些话不会外传，万一传到公婆和丈夫耳朵里，只会让家庭矛盾雪上加霜，恶性循环。我会告诉这些女性，如果你想要的结果是离婚，那你可以尽情在外面抱怨，回娘家抱怨，人总归要有个发泄的地方，但如果你不想离婚，你要考虑到抱怨的后果，三思而后行。

私欲、贪婪与攀比

欲望是人类改变和提升自己的动力，是人性的一部分，但错误的欲望和过度的欲望，以及由此催生出来的贪婪和攀比，则可以摧毁人的心智和生活。

我说过，痛苦是因为自己的私欲太多，私欲过多就会俘虏自我的心性，让人迷失。有些人只顾私欲的满足，价值观严重损毁。

曾经有几个女孩子找我咨询，她们私生活混乱，同时和不同的异性交往，有的还有了孩子。她们认为被男人环绕说明自己有魅力、有本事，一个女孩子甚至迫不及待地问我，自己什么时候也能有这样的桃花运？当下社会，很多人自我价值的体现就是私欲的满足，认为达到我的私欲了，物质上满足了，我的价值就实现了。我有异性追求，我有钱，我有房，这就是我的价值！让人不禁感叹，这个社会怎么了！

我一直要求不要做超出自己认知度的事情，否则你的欲望将超出你的能力和价值，你的能力匹配不上你的梦想，这种负能量会给自己和身边的人带来痛苦。曾经有一家人来找我咨询，男人的父母、妻子都认为他异想天开，不切实际，光想着赚大钱，结果越折腾越穷，还欠下一屁股债。他们找到我，希望从我这里确认一下，这位男士到底有没有赚钱的命，好让他死心。面对好高骛远的人，我会敲打他们，把他们拉回现实。人应该脚踏实地，对自己有清醒的认知，起码在试错之后要认清现实。我直接说，他没有赚大钱的命，他在自己基础上赚该赚的钱就行了，我建议他现在就打工去。但我又说，他去打工也不甘心从底层做起，不会去给人开车，也不会给人提包，因为他只想赚大钱。这就是典型的梦想大于能力的表现。

错误的欲望、过度的欲望必然带来攀比，这一点在家长和孩子身上体现得尤为明显。有的家长只关心孩子的成绩，有没有比邻居、亲戚家孩子排名高，让自己有面子；有的家长明明家庭条件不好，透支消费给孩子买名牌鞋、报钢琴课，只因别人家也在这么做……家长这些“不能让孩子输在起跑线上”“望子成龙”的心情可以理解，攀比和从众心理本就是人性的一部分，一旦过度，超出自己的认知度和客观条件，则会害了孩子。生活在攀比的状态下，孩子会逐渐丧失自我认知，做什么都是为了满足父母的欲望，将来独自面对社会的时候，会不知所措，失去人生目标。

上升到人类层面，错误、过度的欲望会导致地球毁灭。人类主宰了这个地球，也在破坏这个地球。地球也是一个生命体，当地球无法呼吸的时候，它就会为了存续下去而报复人类，当今世界战争、疫情、环境恶化、灾害天气频发，最后遭殃的都是人类。战争争的是土地，是财富，归根结底是欲望。个人的欲望组成了家庭的欲望，家庭的欲望组成了国家的欲望，国家间的欲望冲突会将地球毁灭。

欲望会掩盖人的初心，过度追求物质，过度追求思维意识和行为的满足，不注重灵魂层面的修为，不会得到心安和幸福。古人更注重灵魂层面的提升，现代人则被私欲蒙蔽，失去本心。人生要有追求，但目标要在认知度内，想要追求更高的目标，需要先提升自己的认知，提升自己的能量，如此才能心安、行安、事安。

2.3 潜意识层面的负能量

每个人的潜意识里面都蕴含着无穷的能量，潜意识的开发和运用程度决定了生命势能的高度。但有一些人不管怎么努力，总是不能链接和调用潜意识中的能量，阻碍便来自负能量。

将潜意识分为三个层次是我的独创，每个层次对应着不同的能量，以此方便人们认识和开发潜意识。本书旨在帮助更多人从潜意识中受益，提升生命势能，注重实用和实践，所以会尽可能详尽地介绍不同层次潜意识中的负能量，及其在日常生活和工作中对应的表现。读者可以对照书中所讲，进行判断，以便自我调节或求助高人指点，尽早排除负能量，链接潜意识中的正能量，重塑自我，提升生命势能。

浅层潜意识中的负能量

浅层潜意识中的负能量来源于一个人今生今世的经历，尤其是小时候痛苦悲伤的遭遇，比如生活在充满负能量的原生家庭，父母感情破裂，长期遭受校园霸凌，被冷落和孤立，等等。这些悲惨的经历会让一个人丧失爱的能力、恐惧亲密关系、不相信他人、没有安全感、胆小、自卑、自闭、郁郁寡欢等。

我在课堂上经常帮助学员找到和排除儿时不好的记忆，如果不及时排除，这些痛苦不堪的往事就会永远留在思维意识里面，储藏到意识和潜意识的通道中，时间久了就会慢慢渗入潜意识，成为浅层潜意识中的负能量，阻碍和破坏潜意识的能量、智慧和福报，影响一个人后半生的命运。

浅层潜意识负能量的另一个表现是情绪暴躁，发无名之火，外人看来如同神经质一般。比如父母在教育孩子的时候，尤其是单亲家庭的父母，往往会把对前夫 / 前妻的恨，曾经的婚姻经历带来的痛苦，自己遭受的委屈，都发泄到孩子身上。孩子的行为和思维意识接收到了父母的指责、抱怨、打骂……这些负能量中饱含着父母曾经的痛苦过往。很多父母都犯过这个错误，浅层潜意识中的负能量作用于当下的行为，又影响到了孩子，给孩子的浅层潜意识种下负能量的种子。如此一来，家庭中的负能量恶性循环，影响到下一代。

曾经有一个本地书法家的妻子来咨询，说她丈夫不喝酒的时候好好的，但每次喝醉酒之后就会失控。她一方面想离婚，摆脱这种折磨，一方面又不舍这段感情。我从她提供的信息判断，离婚不是一个好的选择，但也不能让她无休止地忍受折磨。我从她丈夫的家庭入手分析，最终找到了问题的根源。原来她的丈夫从小便生活在一个问题家庭，小时候母亲常被父亲家暴，他在这样的环境中成长，耳濡目染，这股负能量慢慢浸入潜意识中，平时会被理性压抑住，但喝醉酒之后，意识便不受控制。根源找到了，问题也就很快被解决，我帮助她的丈夫排除这股负能量，摆脱掉童年阴影的折磨和控制，之后这种事情再也没有发生过。

中层潜意识中的负能量

中层潜意识中的能量源自祖祖辈辈和生生世世，中层潜意识中的负能量也与此有关。

关于遗传疾病，有的人天生智障，或有先天性遗传疾病，甚至年纪轻轻便夭折，这些都与家族基因有关。曾经有一位女孩，十几岁的时候突然精神失常，我知道这是先天带来的，是中层潜意识中的负能量，这个女孩跟着我一起生活了三年，后来恢复正常，嫁到新加坡去了。还有一个男孩，也是先天身体虚弱，无法正常生活和学习，这也是中层潜意识中的负能量，他的家人在附近租了个房子，方便经常过来，他觉得我这边能量场很强大，可以补充能量，哪怕只是来坐一坐也觉得很舒服。

关于家道中落，人们最常说的一句话就是富不过三代，其实并非继承者不努力，很多时候就是家族气数已尽，无力回天。包括一些人中年之后走下坡路，不管是财富还是福报都没有运势了，总遇到倒霉事，本质上是被中层潜意识中的负能量所影响。很多人前半生高歌猛进，中途开始落魄，只能靠回忆过去的美好活着。有一位女士看到我的抖音视频后找我咨询，她的老公前半生很辉煌，45 岁之前资产上亿，但 49 岁之后命运和能量都滑落谷底，期待的反弹也一直没有发生，人生已经落败。如果一家人祖上很旺，祖辈修得好，但到了儿子这一代、孙子这一代，一代不如一代，最后家业败光，我们说这家人要败了，“败了”指的就是中层潜意识中的智慧、能量和福报耗尽了。

关于命运的无常，有的人在生活中、工作中总是遇到不顺利的事情，出现一些不可抗的外界阻力，这些阻碍并非人为决定的，也不是谁的意识能改变的，表现就是生活和事业遭遇飞来横祸，一落千丈。我们身边都有这样的人，本身很聪明，也很努力，但无论做什么总有意外发生，投资被骗，创业遇到政策调整，仿佛喝凉水都要塞牙。遇到一次两次也就罢了，但倒霉总是跟着他。这种总是不顺利的情况，问题可能不出在自己身上，这股负能量来自中层潜意识。

中层潜意识中蕴含的是家族的能量，这也要求我们以及我们的子子孙孙要多做好事，行善事，做好人，再就是立家法、家规，行使正理念、正能量、正思维、正意识，为后代积攒功德和福报。当你们家族三代的能量超出别人家族八代的能量，可想而知，你们的家族会更加兴旺。

最后，再说下中层潜意识中负能量和浅层潜意识中负能量之间的关系。不同层面的正能量和负能量对一个人的影响是可以叠加和抵消的，中层潜意识中的负能量对一个人的影响中还结合了浅层潜意识和思维意识层面的负能量，如同三楼是站在一楼和二楼的肩上，三楼不可能独立存在，不同层面的能量会综合影响一个人的能量和运势。

中层潜意识中的负能量会对浅层潜意识带来影响。一个人中层潜意识有负能量，会体现在日常生活中，不管是生病、破财，还是出意外，都会成为今生的悲惨遭遇，这些经历慢慢积累，成为浅层潜意识中的负能量。有的家庭中，父母也受到祖辈负能量的影响，造成家庭不和谐，父母性格强势，孩子缺少关爱，变得内向、不自信，成为浅层潜意识中的负能量。

反过来说，浅层潜意识中的负能量也会影响中层潜意识。负能量具有隐蔽性的特征，潜伏期长，不易被察觉，父母会在无意中将负能量传递给孩子，孩子又传递给他们的孩子，久而久之，成为潜在的、可怕的、代代相传的家族负能量。如果不尽早发现和处理，从个人到家庭再到家族，都将后患无穷。在此我也呼吁大家，注意自己日常的一言一行，不要把小问题升级为大问题。

为了孩子，为了家族，也要做一个智慧父母，哪怕每一代提升一点，长久下去也能提升家族的势能。

第三节　排除负能量

3.1 身体排泄

中医讲究通则不痛，痛则不通，很多治疗手法比如针灸、拔罐等，都是打通人体，疏通经络，把体内淤毒排出。注意要先通、排、泄，后补充，如果不把体内的毒素、负能量排泄出来，这个人的身体都不通，越补越严重。我经常说负能量出不去正能量进不来，就是这个道理。人体就像一个透明的玻璃瓶，刚出生时装满了纯净的水，随着年龄的增长，受各种负能量影响，玻璃瓶里的水被污染了。如果这时候向瓶子里灌入纯净的水，也无法使其恢复到之前的状态，只有彻底清除瓶中的污水，新注入的纯净水才能完全透明。

我将这些理念引入到了排泄负能量的课程中，帮助学员清理身体的垃圾，排出体内的毒素。世间万物的本质是能量，能量之间通过振动频率传递信息，相互影响，当做到与负能量同频共振，便能将负能量引导排出。

我会选在一个特定的环境下，特定的能量场中，让人们在这里面发泄、排泄，进行身体的排毒，比如流眼泪、流鼻涕、流口水、呕吐、出汗、排尿、大便等。每个人的反应不同，有的人会哭，有的人会吐，有的人甚至会连续几天拉肚子，这都是正常现象。一个人平时喝醉了酒也会呕吐，身体不舒服也会腹泻，这都是正常现象，但在我设定的能量场中，排泄出来的毒素要比平时高很多。同样是流泪，我们平时受委屈了，心情不好，也会哭泣流泪，这只是一种人体的生理状况，一种心情的反应，但在排泄负能量的课上，一个人的眼泪中充满了负能量，就会比平时的眼泪毒素要高。

身体排泄不仅能排除身体层面的负能量，也可以用来排除思想和意识中的负能量。现实生活中，很多人生活压力太大，内心和情绪极度压抑，通常会选择喝酒、抽烟、打牌、唱歌等吃喝玩乐的方式来减压，很多女人会去逛街、购物、旅游，报复性消费，但往往是治标不治本，只能阶段性放松一下，有些行为还会伤害身体，甚至还会带来别的麻烦。我经常在听到很多人诉苦后，知道他们需要的可能只是在我的引导下大哭一场。

通过大哭一场，眼泪横飞，或者剧烈运动，出一身大汗，人们都会感到好受很多，这也是身体排泄法排除掉负能量的成果。但很多人自己做不到，因为缺乏引导，没有一个合适的能量场，没有另外一种能量与他体内的负能量同频共振，将其引导出来。

3.2 静心打坐

静心能排除不好的欲望和杂念，我常说心静下来万事才能顺利，心静下来思维才能正常，三力才能清晰，从而做出正确的决策，吸引正能量，才能重塑自我，改变命运，提升生命势能。

当心静下来，人会慢慢跳出自我，跳出自己的生活，跳出各种感情的羁绊，用第三人视角观察自己，观察本我，从而更好地面对生活。佛家说静能生慧，静能生智，道理是相同的。

有学员问我，他连和谐自己都做不到，更不用谈和谐家庭、和谐社会、和谐宇宙，心里总是特别急躁，问我如何做到静心。

我回答他，“静”是一种自我意识和潜意识的本能，可是很多时候我们让意识思维把它给扼制住了，所以要通过诵经、坐禅、祷告等各种修行方式来把“静”修出来。“静”可以让你从中生发智慧，获得新的创造力，在“静”中觉醒、悟道。急躁是负能量过多的表现，自我的正思维意识和正行为被负能量压住，这样的状态会给自己带来不好的行为，导致不好的结果，做事马虎、粗心大意、没有了清晰理智的分析力和判断力，最终事业受损、破财。

心静则事安，心定则万事顺达。想要静心，要有豁达的心胸，这种豁达不是无来由的慷慨，而是修行得来的。我常说生活本就是修行，想要豁达、心静，要学会接受、放下、珍惜。

接受：无论发生什么事，都习以为常，不惊、不慌、不乱，淡定面对。人只有吃得苦中苦，方做人上人，人只有能忍常人难忍之忍，行常人难行之路，才可得天下之大福报，这句话一直在心里激励着我。

放下：昨日得失已成过去，不执着、不迷惑、不后悔，放下是为了更好地拥有当下。

珍惜：珍惜当下，不贪、不攀、不比，珍惜生命中的每一个人，每一次感动，当下拥有的就是最好的、最美的。

关于如何静心，大家还可以从简单的打坐做起，也有人称之为“坐禅”，这是很适合现代人的一种静心方式。

打坐需要一个安静、舒适的环境，光线柔和。大家看到很多修行的人一般都喜欢在素色的环境里进行打坐，这就是“眼清”。眼无杂碍心更清净，可以在青山绿水中，也可以在舒适的家里，只要光线不过亮或过暗，格调清幽。

打坐要心无杂念，收敛双目，凝神屏气。就是闭上眼睛，全神贯注，不去想那些困扰自己的事情，排除欲望和杂念。在凝气之前要先吐浊气，将头摆正，舒放身心，无它念，无烦想，缓缓安静口吐鼻纳，心平气和地呼吸才能做到气定神闲，初学者多加练习就可以做到了。

打坐时要身体放松，面含微笑，这也是坐禅的基本要求。面部神经不要紧绷，一定是松弛的状态，或在心里默念，告诉自己要放松，双手自然放在腿上，双肩微张，心情要自然开朗，浅浅微笑。

有一些初学者觉得总是静不下来，开始的时候可以选择一个熟悉的环境，比如自己家中或办公室中，熟悉的环境会让人放下心理防备。另外，刚开始打坐的时候什么也不想有点困难，此时可以专注想一件事情，把大脑的注意力集中起来。有些人打坐会专注于呼吸，有些人会反复念“南无阿弥陀佛”或者六字真言，这都是专注于一个点让自己静下来。什么都不想，“空”是很高的境界，普通人专注做一件事，专注思考一个问题，就能静下来。当你的专注力提高后，你的觉察力、感知力也会相应提高，就会忽视环境的干扰，随时随地能进入静心的状态。

很多人静不下来是因为内心浮躁，着急达成某个目标，或者一不如意就怒火冲天，这种状态下是很难静下心来的。这些问题也是有解决方法的：当你想要专注某件事的时候，可以先做一下深呼吸，连续深呼吸几次后，你的心往往会慢慢静下来，能够专注一个点。再就是调整心态，当你想发火的时候，或者心绪纷乱的时候，可以想一下这时候我要是突然静下来会发生什么。一旦心态调整，思维转变，很容易一下子静下来。总之，要为静心想方法，总有办法能静下来。

我有一个学员，开车的时候不能和他说话，他一边开车一边说话就很容易闯红灯。有人觉得他是不是反应太慢了，但我觉得一个人宁愿反应慢一点，也最好不要一心二用。专注的人不容易被他人影响，能随时进入静心的状态。

3.3 常反思、常反省

很多人在取得一定成功之后会产生浮躁心理，变得傲慢，不再反思和反省自己，这是一种阻止人进步、危害极大的负能量。

傲慢的一个表现是小事不想做，小钱不想赚，光想赚大钱。很多人经历失败和挫折的时候，已经不再年轻，他的人生经验和资源原本是可以让他东山再起的，但为什么好多人失败之后无法翻身？我会让这种人反思自己的人生，反省自己的作为。就是因为他们曾经成功过，曾经辉煌过，总是想着自己成功的一面，做不到从零开始。他们自以为是，没有调整好心态，无法沉下心来活在当下，不能结合当下的环境做好当下的事情，最终败给了人性。他们不去思考，过去的成功有当时的时代背景，有当时的天时、地利，现在环境已经发生了变化，重要的是做好当下的事情。我经常说的一句话就是活在当下，活在当下并不难，只需要把每一天应该干的事情干好。

我讲过喜欢抱怨的女人不够智慧，但很多女人直到离婚，都没反思过为什么会走到这一步。很多时候原因很简单，你的抱怨表现出你不尊重自己的男人。要知道，在外人眼里夫妻两个人是绑定的，你不尊重丈夫就是不尊重自己。连自己丈夫都到处贬低，连你都瞧不起他，别人怎么能尊重他呢？怎么能尊重你们呢？所以离婚一点都不意外。

常反思、常反省需要一个人有自知之明，知道自己的优点和缺点，清楚自己能做什么，不能做什么，不去做超出自我的事情。我常讲人不要做超出自己认知度的事情，便是这个意思。很多人好高骛远，徒有远大的梦想，他很痛苦，我们就要把他拉回来。我也有梦想，我的梦想是和谐全世界，但是我也要脚踏实地去做，用各种方式去做。

我给很多家长讲过，不能光盼着自己孩子好，成长过程中要适当打压他们。当梦想不切实际，那就不再是梦想，而是妄念，欲望大于能力只会带来痛苦。人应该有梦想，我鼓励人们去寻找和树立自己内心的目标，但要做到自知、自明、自省，否则能力配不上野心，就会知道很多道理依旧过不好这一生。

常反思、常反省就是在一遍遍清理、冲洗思维意识中的负能量，让思维意识“时时勤拂拭，勿使惹尘埃”。

3.4 体验感受

有的负能量需要引导排泄，有的负能量需要静心消化，还有一种负能量的排除方式是体验感受，当你对他人的困境和痛苦感同身受，自然会对自己当前的困难释怀，打开心结。

我有一位学员，她小时候不理解自己的妈妈。她经常让妈妈陪她出去玩，但妈妈总是说工作太累了，需要休息一会儿，这次就不出去玩了……久而久之，她对妈妈很有意见，这种不理解沉淀为负能量，在心里生根发芽，让母女之间有了隔阂。她长大后，有两年在帮我照顾孩子，等她忙完一天的工作，孩子也放学回家了。孩子总有无穷的精力，经常会缠着她出去玩，又要去商城，又要去沙滩……她工作了一天已经很累，原本是不想出去的，但有时候拗不过孩子，就带他们出去玩，结果回到家非常疲惫。这时候她幡然醒悟，原来自己小时候也是这样缠着妈妈，原来妈妈上了一天班是那么辛苦。她有了切身体会，一下子打开了心结，理解了妈妈，她知道妈妈为自己付出了太多，非常疼爱和孝敬妈妈，从那之后母女间的隔阂消失，关系越来越融洽。设身处地的体验、感受会影响心态，心态改变后，状态和事态也随之而变，负能量被理解消融。

感受能力、共情能力会让人心胸开阔，站在月亮看地球，什么烦恼都会变小。很多人遇到一点事情就纠结，沉浸在悲伤和痛苦中，仿佛自己是世界上最惨的人。如果这样，你不妨去医院看看那些四处求医、在生死边缘徘徊的患者，不妨去人力市场看看那些还在为一日三餐劳苦奔波的人，不妨去凌晨三点的街头看看那些还没下班或者已经上班的人……可能这么一圈转下来，你的负能量也就被排解掉了。

曾经有一个家境不错的朋友跟我分享，他辛苦打拼下家业，把女儿送到北京上学，给她最好的生活条件，但女儿却天天逃课去网吧打游戏，整整逃课了一年，后来甚至把宿舍改造成了游戏机厅，还偷家里的名贵烟酒去换钱……这位父亲觉得自己教育子女太失败了，痛苦不已。他束手无策，但还不能放弃，一度茶不思饭不想，整个人都颓废了。有一天，他的妻子联系不到他，人都快急疯了，后来发现他是在墓地待了一天。他对我说，他实在没辙了，去墓地坐了一天，谁的电话都不接，原本是想去体验下死了是什么感觉，结果开悟了：死了就能啥心事都没有了，但活着的时候不能不管，不然等死了想管也管不了了。经过墓地里这番刺激，他卸下包袱，浑身充满正能量，连夜和妻子去把女儿接回身边，陪伴教育，后来女儿也回归了正轨。

我也会用体验感受的方式帮助学员感受负能量，排除负能量。关于排除负能量，我更偏重于实践，在术的层面方法比较多。比如同样是面对死亡，我不仅要谈到，还要让学员们看到、感受到、触摸到，让他们内心更强大，能够珍惜生命，珍惜当下，即便遇到人生难题，也不走极端，激发生命势能，战胜负能量。

3.5 不做情绪的奴隶

情绪原本只是一个中性词，每个人都有喜怒哀乐，但当我们说一个人有情绪的时候，往往这个人的思维意识和行为是充满负能量的。情绪失控的人思维意识混乱，分析力、判断力不清，行为具有破坏性，需要发泄和排解。掌控不好情绪的人，也掌控不好自己的人生。我要求大家管理好自己的情绪，指的就是驾驭好、掌控好情绪，排除情绪中的负能量，让情绪为己所用。

管理好情绪并非易事，情绪的产生往往就在一瞬间，而一般人凭下意识做事情，很容易情绪失控。有一次一个七八岁的小男孩跑进了女厕所，看到我后扭头跑了出去，她妈妈在门口不耐烦地问怎么出来了。短短几秒钟，三个人三种情绪：孩子茫然无措，妈妈一脸烦躁，似乎忘了这件事都是由于她缺乏常识导致。而我原本应该是最生气的那个人，如果控制不住情绪，肯定会吵起来。但我没有，我当时想找机会跟这位妈妈聊一聊，希望她能正确引导儿子。

我喜欢从一个问题出发，由点带面，思考背后的问题，这样才能真正地反思。一提到情绪，很多人会联想到暴躁、发火，就上面这件事来说，这位母亲犯了错误，却表现得理所当然，这种状态也是一种情绪。这种错误认知背后是社会风气和学校教育出了问题，所以说社会风气和学校教育中都有一种错误的情绪。在我这里，情绪并非只是喜怒哀乐，心也是有情绪的，思维意识也是有情绪的，行为也是有情绪的。我说过万事万物都有能量，万事万物都有活力，你的行为也有活力，也有情绪，你让行为慢下来是一种情绪，快起来是另一种情绪，因为你的行为会说话。思想决定行为，行为决定结果，很多年轻人先是思想躺平了，抑郁、孤僻，活在自我的世界，无法掌控自己的情绪，情绪也躺平了，最后表现的就是行为的躺平，整个人完全被负能量侵占。

管理不好情绪会带来一连串问题。很多家庭中父母处理不好孩子之间的矛盾，控制不住情绪，往往通过责备老大来平息事端，结果加剧了老大对老二的仇恨。老二为了保护自己，也用尽心思去对付老大，成为一种恶性循环。在这种环境中长大，老大经常受冤枉，变得不愿意说话，跟父母隔绝，抑郁、孤僻，内心仇视老二；老二变得很强势，对身边人充满敌意，因为在家里不强势就会吃亏。这样的父母培养出来的孩子也很难掌控自己的情绪。

如何管理好自己的情绪，关键是要找到情绪引爆的点，把事情处理好，把矛盾解决掉，而不是只去想办法控制自己不要发火。错误的观念会认为管理情绪就是让自己放松，让自己消气，但更重要的是去解决好对方的问题，处理好身边的事情，把身边人管好。只有双管齐下，这两方面都处理好，才是完整的、完美的情绪管理。夫妻之间如果有情绪，双方只顾管好自己的心情，不去解决问题，那叫冷战；孩子打架，父母装作看不见，那也不叫情绪稳定，而是放任自流。对问题视而不见，放纵事态发展，这不是管理情绪，而是逃避，逃避是对自己情绪管理的失败。所以说，管理情绪不仅要管理好自己，还要把事情解决好，把身边的人解决好。

一个企业的总经理、CEO该怎么管理情绪？他不能只管理自己的情绪，还要掌控所有员工的情绪，这样才能成为一个好的管理者，才能把团队带好。如果你组织了一个饭局，你需要把所有人情绪都管理好，把大家都调动起来，不能冷落任何一个人，这就是人际关系的情绪管理。管理情绪的最高境界是大家都开心。如果每个人都能在自己的基础上，自己的范围内掌控好自己的情绪，把事情平息，便是最好的结果。

谈完管理自己的情绪，再谈下管理他人的情绪。

管理他人情绪，首先要有让他人聆听的能力。那些压抑的人、自闭的人，他们管理不好自己的情绪，当你试图去找到根本原因，帮助他们，会发现他们打不开心，不跟你沟通，但是我的话他们往往能听进去。还有很多小朋友，父母管教不听，对我却言听计从，因为他们在父母那里得不到理解，感觉还是路妈妈懂自己。真诚相待才能换来打开心扉，要让他们感受到这种频率。太多父母掌控不好自己的情绪，对孩子缺乏耐心，普遍偏心，我提醒他们一定要把孩子当成一个独立的个体来看待，他们都有独立的思想。

管理他人情绪，不要让不好的情绪叠加，要努力消除让人犯错的环境。老大和老二吵架，两个人都有情绪，欺负人的有情绪，被欺负的更有情绪，这时候做父母的不管是去指责老大，还是偏袒老二，都会造成第三种情绪。一件事变成了三件事，一种情绪变成了三种情绪，事情就失控了。如果再有其他人掺和进来，这个家就要爆炸了，这也是为什么很多孩子会逃避家庭。我跟自己大女儿说，两个妹妹如果吵架了，你不要重复这个话题，否则就是错上加错，火上浇油。夫妻两个人有一个在管孩子，另外一个不要加入。这就是我说的不要纵容别人犯错，也不要给别人一种犯错的环境，要灭火而不是拱火。

管理他人情绪，要找到平衡点，平衡解决各方矛盾。两个孩子吵架，双方都有问题，要找到这个问题点，让大家认识到错误，并保证下不为例，这才是好的管理情绪的方法。我曾经在飞机上遇到一个母亲带三个孩子乘机，最大的也就十岁，三个孩子打成一团，妈妈在一边大喊大叫，最后发现无效，只能放手不管，听天由命。我理解这位母亲的辛苦，但她没有耐心去了解事情原委，不能成为让孩子们信服的裁判，也没有去安抚任何一个孩子。我也为这三个孩子的将来担忧，他们在很长一段时间内都会选择用打架来解决问题，手足之间的感情也面临着考验。

管理他人的情绪，有时候要跳脱出来，学会转移情绪。当两个人情绪上来的时候，不要再盯着错误的点不放，不要伤口上撒盐，要学会转移情绪，转化思维，转化角色，转化行为，转化信息场，转化能量，把负能量变成正能量。哥哥和弟弟两个人在对骂，父母介入的时候不要再盯着骂人这个点，因为不知道事情的前因，批评谁都可能是错的，这时候父母可以说弟弟表现很好，我看刚才哥哥那样说你你都没生气，还冲哥哥笑了。可能就是这么一句话，弟弟受到表扬后不再还嘴，哥哥没有被批评，也主动停火。两个人的状态起了变化，能量场也就变了，情绪缓和，负能量被排掉，父母可以事后再去教育孩子。

曾经有一对夫妻带孩子来我面前控诉，他们想让孩子考研，辛辛苦苦给孩子选了学校，孩子却不愿意学，但也不告诉他们，甚至还去了考场，结果就在里面坐了一天，一道题都没有写，父母也在考场外陪了一整天。这对父母觉得孩子不体谅自己，但我直接告诉他们，这个孩子宁愿去考场坐一天，也不愿意拒绝你们，让你们伤心，这是多么有孝心啊。短短几句话，情绪被排解掉，解开了心结，负能量变成正能量。

最后，不管是管理自己的情绪，还是管理他人的情绪，注意不要让爱的情绪太压抑，给彼此留出喘息的空间。很多人，尤其是家里排行老大或者比较有成就的那个，往往会把家族里的事情揽在自己身上，什么事都亲力亲为，其实放手之后你会发现，其他人也能处理得很好。所以不要总是认为他们离不开你，是你付出的爱太多，失去了控制。

夫妻之间一味去爱也会让对方感到压力和负担，彼此之间没有空间，空气中磁场紧张，一方就会想要逃跑。很多婚姻最后有了第三者，就是因为家里太压抑，负能量太多。

父母无限宠溺孩子，从小到大把学习、工作、生活全部安排好，孩子变得躺平，父母为此伤心、愤怒、情绪失控。我曾经对一位妈妈讲，你不要去怪孩子无能，因为你让他们衣食无忧，是你没有控制好自己的情绪，你爱的情绪太浓烈了。

有时候情绪控制太紧比情绪失控危害还大，但现实中兄弟姐妹之间、夫妻之间、父母与孩子之间充斥着这样的问题，所以才会导致这些不好的社会现象频频上演。

只有摆脱了情绪的控制，把负能量排除，甚至转化为正能量，让情绪为己所用，才能提升生命势能。要做情绪的主人，不做情绪的奴隶。

3.6 思维意识调频

排除负能量其实是调节一个人身上正能量和负能量比例的过程，让正能量多过负能量。思维意识拥有自己的频率，因此通过对思维意识进行调频，可以调节能量，达到排除负能量的效果。当思维意识被调整到一个正确的频率，改变对事物原有的认知，自我也就随之改变了。

曾经有戒毒所请我去为大家讲座，帮助那些正在戒毒的人。第一天是为戒毒所里面的警官做心理培训，后面三天为曾经吸毒成瘾的戒毒人员排除负能量。吸毒的人思维意识是混乱的，等他们毒瘾上来，会失去理智，心里只剩吸毒的欲望，为了满足欲望不择手段，伤害家人甚至走上犯罪道路，整个人的身体和思维意识都被毒品俘虏了，浑身充满负能量。有的人趁着思维意识恢复正常，能像正常人一样思考，赶紧到戒毒所来要求戒毒。

我调频他们的思维意识，让他们的心找到自我，找到真正想要的东西，把他们想要吸毒的念头清除。沾染毒品的人都有各自的原因，我帮他们把这些原因找到，分析出背后真正的动机，很多在戒毒的大男人第一次直面自己的本心，哭得稀里哗啦。整个排除负能量过程中，使用到了很多具体的方法，比如身体排泄、静坐还有集体催眠，我用这些方法把他们心里和思维意识中的负能量全部清除，把思维意识调频到正确的频道，和正常人一样的频道，起到了很好的效果。

有的学员跟随我多年，学习过《内在的力量》这本书，对人身体、意识和潜意识中的负能量有所了解，也会在生活中对思维意识进行调频，从而排除负能量。有位学员看到朋友特别喜欢抽烟，每天好几包，烟龄三十多年，身体已经受到严重的损伤，每天晚上需要吸氧两个小时，他判断这种负能量已经浸入到潜意识层面，想要改变非常困难。这个人也很多次想要戒烟，尝试过各种办法，都没有成功，潜意识中总是有一个声音跳出来，跟他说再抽一支吧，让他前功尽弃。

此时想要帮助这位烟瘾患者戒烟，只有从他思维意识层面入手，首先这位学员感知了一下对方的身体，告诉对方身体的变化，以及再不戒烟可能面临的结果，比如肺癌等，由此取得对方的信任。然后，这位学员深入对方思维意识，找到对方的行为动机，比如对方为什么从十二三岁就开始抽烟，这些年因为抽烟带来了什么，失去了什么……在这个过程中慢慢影响对方的思维意识。经过一段时间的思维调频，取得了显著的效果，对方专门带着礼物上门感谢，说自己原本一天要吸四盒烟，现在对吸烟没有迷恋了。一次他从家里开车去公司，半路上才想起来今天居然没抽烟，当他拿起一支烟放到嘴边，心里和嘴里泛起一股苦涩，觉得烟味太难闻了，从那之后就再也没抽烟，别人敬烟也被他拒绝。

思维意识的调节使得能量通道被打通，当一个人身上的负能量被阻断，正能量占据上风，这个人就会从混乱中走出，拥有正心、正念、正能量，重塑自我，成就高势能人生。

3.7 心灵疗愈

一个人想要改变自己的命运，重塑自我，需要潜意识中的能量和智慧源源不断地输送到意识中。当一个人潜意识中有太多负能量，这个人肯定是失败的。有的人前半生很辉煌，后半生失魂落魄，这种人生的大起大落往往也是潜意识中的负能量被瞬间接通造成的。对于潜意识中的负能量，尤其是浅层潜意识中的负能量，我们可以采用心灵疗愈的方法来排除。

浅层潜意识是一个人出生至今经历的汇总，人总是愿意面对美好的回忆，逃避不堪的过往，浅层潜意识会刻意选取舒适的内容输送到意识，不去触碰那些痛苦的回忆，回避带来负能量的经历，所以我说意识就是潜意识的一块遮羞布，把大量不堪的过去埋藏在心底。久而久之，人们开始自欺欺人，最终陷入当局者迷的状态，走不出执念。此外，浅层潜意识中的负能量直接影响一个人的辨别力、分析力和判断力，让人不能正确做出判断，无力做出选择。

曾经有一位四十多岁的女性咨询者，婚后一直忍受着老公的种种行为，她的性格很强势，做事雷厉风行，经济上也非常独立，所以外人都不明白她为什么离不开这段痛苦的婚姻。她为自己找了很多理由：为了孩子，为了父母，老公其实是可以的……到了这个地步，她还在掩耳盗铃、自我欺骗。其实我知道，她只是陷入一种执念无法自拔，是潜意识中的负能量一直在压着她，让她生活在自我层面，不懂如何取舍，无法做出改变。

每个人的思维意识不同，每个人都有自己想看到和不想看到的东西，你选择面对什么，多大程度上去面对，这决定了一个人的状态和高度，包括生活状态、物质状态、事业发展状态等。如果说意识是潜意识的遮羞布，那心灵疗愈就是扯下这块遮羞布，打开心结。

如何进行心灵疗愈？简单说就是找到问题点，把它化解掉。我们常常说的打开心结，就是化解掉浅层潜意识中的负能量。中国有句俗话“一朝被蛇咬，十年怕井绳”，以此为例，讲下如何运用心灵疗愈帮助一个人排除负能量。

这件事情中，绳子是一个点，当下思维意识的点，一个人为什么会怕井绳，根源在哪里？必定有一个过去的点相对应。我会引导他静下心来，在静观的状态下让思维意识沉淀，慢慢往潜意识里走，意识和浅层潜意识是有链接的，往里走思维意识就会回想起过去被蛇咬的经历，钻心的剧痛，流出的鲜血……这些细节和感受留下了严重的心理阴影。五年过去了，十年过去了，可能这件事被逐渐忘记，但阴影还在，一看到绳子就会害怕。就这样，我们帮他找到了过去的那个点，就是被蛇咬过。这时候就可以跟这个人说，其实绳子并不可怕，是你的心理在作怪，便把这种恐惧化解掉了。

有的人怕蛇，有的人怕某种声音，有的人怕沟通，有的人怕婚姻……每个人都有害怕的东西，现实中咨询者的症状更是五花八门，如何从当下意识中的一个点迅速定位到过去的点，如何把今天痛苦的点迅速链接到过去某个时间、某件事，甚至某个举动上，在几十年的生命历程中完成如此精准的捕捉？人的大脑中储存了很多往事，像电脑储存了很多数据，这些数据有好的，也有坏的，好的就是正能量，坏的就是负能量。我会引领这个人思维意识的频率，让他观察自己大脑里的数据，调用里面的数据，搞清楚每个数据对应今天的状况，就像 AI 机器人内部每条线路对应不同的身体反应，掌握了这个通道，静下来之后便会很快完成定位和捕捉。

在给咨询者进行心灵疗愈的时候，有时候只是简单的聊天，甚至不需要语言，只用意识频率进行沟通，几句话、几个动作，甚至一个小小的引导，便能让他展示、暴露出过去不好的点，完成浅层潜意识负能量的排除。在排泄负能量的课上，很多人也是第一次见面，就能勾起他小时候的一些不好的记忆来，这种案例有很多。

网络科技日益发达的今天，我们也在研究如何通过网络和虚拟现实来帮助人们进行心灵疗愈。现在我们已经实现了视频工作的日常化，我基本上每天都在网络上见天南海北的人，帮助他们排除负能量。

排除负能量，打通意识和潜意识之间的通道，重塑自我，提升生命势能，这是我三十年来坚持在做的事情。我希望能带动更多人，在实现自己人生理想的同时，和我一起助人、爱人、成就人，向社会传播正能量，为和谐社会贡献自己的力量！大家一起致力于帮助企业家达成事业巅峰，帮助女性绽放自我魅力，帮助儿童和青少年健康快乐成长，帮助老年人安享晚年，让各阶层人士都能远离负能量，提升生命势能，和谐自己，和谐家庭，和谐社会，和谐世界！

第五章 做好人道

人道即人之所以为人的基本道理，比如敬天地、爱国家、孝父母、三不违（不违法、不违规、不违心）等。人道是人生的底线，无论什么种族，什么身份，什么信仰，都要遵循的底线。所以我经常说，别高谈阔论，好高骛远，满嘴大道理，先把人做好，这是基础。人道绝不是空泛的大道理，而是非常落地的事情，体现在生活的方方面面：处理与父母的关系需要孝道，经营夫妻关系需要婚姻之道，引领和培养孩子需要教育之道，发展事业、创造财富需要经营之道，处理与朋友、同事、上级的关系需要为人处世之道……这一切都是人道。

人道就是生活之道，人道做不好，当下生活过不好，和谐不了自己，何谈和谐家庭、和谐社会、和谐世界？人都做不好，又谈何修行，谈何大德大爱，谈何运用潜意识中的智慧？所以说人道是开发潜意识、提升生命势能的基石，所有修行和提升都需要先修人道，搭建一个好的能量场。

第一节　敬天地

1.1 回归本我，回归潜意识

提高生命势能需要从小处做起，先和谐自己，再和谐家庭，和谐社会，和谐世界，而人道则需要从大处要求自己，首先要做到的是敬天地。这里的“天地”并非字面意思的天和地，而是指开天辟地，混沌初开时期，人类文明最初始的那种状态。敬天地敬的是人类起源时期最纯真、最有生命势能的本我状态，敬的是人类诞生初期的良知、初心、潜意识和灵魂。所以说，敬天地敬的是我们自己，敬的是本来的我，原初的我。

站在一万年的高空看当下，远古时期人类的祖先虽然物质上落后，但精神上更懂得运用宇宙智慧，那时候人人都能运用潜意识。但是伴随着文明的发展，时间的演化，人类同时在经历进化和退化：物质文明在进化，人类先后经历了农业时代和工业时代，进入当前的信息化时代，从挥舞锄头到机械化、信息化，这种进化是巨大的；但同时心性在退化，人类逐渐远离了心性上的修行，远离了潜意识的运用，人类文明中最深层的潜意识退化了。

人类祖先起初运用的是潜意识，是一种本我的状态，伴随着思维意识改变，贪欲和私欲占据心智，潜意识退化，变得自我。绽放自我可以提升，完善自我可以成功，但只有放下自我，回归本我，才可以获得重生。随着心性衰退到低谷，越来越多的人意识到潜意识能量的强大和心性修炼的重要，人类将重新关注当年老祖宗使用的力量，追求回归本我，拥抱潜意识。迷失本我，陷入自我，又寻求找回本我，这段人类的精神回归之旅在一个人从小到大的成长过程中也有体现。

一个人在母亲体内成为受精卵的那一刻，智慧就进驻了。婴儿看似总在睡觉，但他们也是有智慧、有能量的，他们刚来到世间，运用的更多是先天的能量。潜意识中有祖祖辈辈的能量，有人类远古至今所有的经验和智慧，这都是先天的能量。但是伴随着年龄的增长、感知系统完善、心智的成熟以及周围环境的影响，人的意识开始形成。当人们被五花八门的信息充斥，被形形色色的享乐征服，潜意识开始慢慢被掩盖，本我逐渐让位于自我，更多地使用后天习来的技能，而非先天拥有的能量。人们总是向往童年，觉得孩子时期思想单纯、没有烦恼、没有忧愁，一点点快乐可以开心很久，本质上是向往那种可以运用潜意识的本我状态。

宇宙创造人类，本意是让灵魂有一个修行、能量提升、意识进步、走向更高灵魂的途径，但人类却在一步步迷失。好在本我并没有离开，潜意识并没有离开，它们只是被人的各种欲望蒙蔽，如同镜子上落满了灰尘。我们会在深夜里静下心来，观察自己，剖析自己，为自己感到自豪或者失落，那这个观察自己的人是谁？为什么这时候会有两个自己？其实另一个自己就是人们未被泯灭的本我和潜意识，它们从来没有消失，只是被遗忘和遮蔽。我一直说每个人身上都有潜意识，人们可以凭借与生俱来、本自具足的能量拥有高势能人生，这便是所谓的“圣人之道，吾性自足”。

敬天地敬的是本我，敬的是本我中的潜意识，排除负能量、构建能量场，也都是为了唤出本我，帮助人们找回真正的自己。开发潜意识，提升生命势能的过程，也是回归本我的过程。

以下三点有助于帮助你回归本我，找到真实的自己。

第一点，放下对贪欲的执着。

欲望是一个人回归本性最大的障碍。欲望改变人的思维意识，使得人们远离本我，远离了潜意识的智慧，丧失了纯真的本性。尤其是金钱社会下，很多人的心性被贪、嗔、痴主导，沉迷物质和享乐，为追求财富最大化，不惜丧失道德、突破底线，失去人道，比如制作有毒食品，比如电信诈骗，比如破坏地球，砍伐森林、炸山采矿、污染环境……人道沦陷的代价是惨痛的，只注重欲望和自我满足会让人迷失。如今抑郁、自杀、反社会事件时有发生，恐怖事件、战争频繁上演，对自然的破坏和不敬畏也使得地震、海啸、台风、洪水等自然灾害频发，危机四伏，生命变得更加脆弱。

其实一个人可以得到的快乐和满足无需向外界索求，每个人自身的心性便能满足，就像婴儿看似什么都没有，却也能开心快乐。放下对贪欲的执着，回归本我，快乐和幸福将会变得很简单。

第二点，不忘初心。

敬自己、敬本我直白点讲就是敬你的初心。你要时刻不忘自己的初心，不要让欲望掩盖了初心。

我经常说古人学习的目标更明确，现在的人学习仿佛只剩下一个目标，只顾自己好，这便是很典型的忘掉了初心。很多夫妻感情不和谐，我劝他们找回初心。年轻时一无所有，感情甜蜜，如今打拼出了事业，有了孩子，本该更加美好，却因为感情或者财产上的一点挫折要离婚，初心何在？还有的人刚到一家公司，谦虚好学，踏实能干，但做出一点成绩之后就膨胀、傲慢、目中无人。他觉得自己帮老板赚了 1 个亿才拿到 100 万太少了，自己出去赚 1 个亿至少要拿 5000 万，可他忽略了平台的作用，当他离开这个老板，他连 100 万都赚不到，已经完全忘记了初心。还有的研究生责怪导师安排的课业太多，难道你读研不就是为了学习和成长吗？难道对培养和锻炼自己的导师不应该心怀感恩吗？难道如此有责任心的导师不是你人生中的贵人吗？可在日常生活中，人们的思维意识就是容易走偏，忘记了初心，明明学习是为了自己，结果扭曲成了为导师打工。

当我从事这份事业的第一天起，我就很明白自己的定位，明白自己的初心，我只管去做，去行使我的使命，对得起天地良心。不要因为别人影响自己，哪怕有人背叛了你，也坚持做自己，初心不改。耶稣即便被犹大出卖，被审判和钉死在十字架上，他仍然没有改变自己的初心。不要因为走得太远而忘记为什么出发，不忘初心就不会偏离方向，只有这样你才能和谐自己。

第三点，做好自己。

一个人按照内心的指示去生活，每天做的都是自己喜欢、符合自己价值观、自己认可的事情，那他就会快乐，感觉人生有价值，这与赚多少钱没有关系。当夜深人静的时候，当独处的时候，你的内心总会出来问你：这是你想要的生活吗？这时候你便明白，什么才是真正重要、值得去追逐的事情，功名利禄不过是浮云，转瞬即逝。

当你做好自己，按照内心的指示去活，你便懂得人的快乐本自具足，无需外求。从内心生出的喜悦、平和是谁都夺不走的，而追逐欲望得来的快乐却总是那么短暂。因为它们依附于外物，得到了就快乐，失去了就难过，主动权不在自己手里。而这个世界又是如此变幻多端，一切有为法，如梦幻泡影，如露亦如电，不可持久，随时会失去。

生活切莫外求，更无须攀比，我们所有的提升都是基于自己的认知和基础之上，每个人有自己独特的人生轨迹。人生如同一场比赛，有时候你超越别人，跑到了前面，有时候别人超越了你，你落到了后面，但谁在前面和谁在后面并不重要，关键是你要用适合自己的节奏去跑。选择适合你的人生之路，发挥自己的最大潜能，做最好的自己。

很多人感谢我帮助了他们，而我说自己只不过是那个“擦镜子”的人，失去本我的人内心如同明镜被灰尘蒙蔽，而开发潜意识、提升生命势能便是在帮他们擦掉灰尘，回归本我，回到小时候那个原本就充满能量的能量场。

1.2 敬畏宇宙频率、宇宙平衡

宇宙有自己的频率、自己的能量场，敬天地要对宇宙有敬畏之心，没有敬畏之心只会带来灾难，让人类自行毁灭。

地球上的一切事物都在昭示着宇宙的频率。一棵树冬天凋零，春天复苏，夏天疯长，秋天萧瑟，这种往复循环中便蕴含着宇宙的频率。宇宙通过自然界、通过万物把频率传递给人类，可是人类并没有领悟并利用好。比如我们都知道春天万物复苏，万象更新，花草树木都在春天开始生长，人类也在春天开始阳气上升，理应抓住这个时机调理身体，保健身体，可是有多少人真正去做了呢？有多少人研究过二十四节气中的信息和频率，思考过这个信息能为我们带来什么样的能量吗？如果人类遵循宇宙频率、遵循自然规律去运转和生存，寿命会更长，智慧会更高，但人类不仅没有遵循，甚至破坏了生态的平衡，破坏了宇宙的频率。

地球是人类的家园，但人类却没有保护好我们共同的家园。地球环境已经被人类破坏，生态的平衡被打破。宇宙有宇宙的平衡，地球有地球的平衡，具体到一个国家的环境，一个地区的环境，也有自己的平衡，平衡一旦被打破，灾难就会接踵而至。而现在人类主宰了地球之后，又开始探索太空，准备主宰月球，主宰火星，主宰各个星球，甚至想要主宰宇宙。人类只要不搞破坏，运用自己的思维意识，顺其自然地发展，原本可以长久生存下去，可人类偏偏要去做那些超出认知度的事情。可能有人会觉得人类的认知度已经很高了，人类已经飞出地球，登陆月球，探测器更是飞到了火星，但这在宇宙中不过是沧海一粟，微不足道，人类没有意识到自己在宇宙面前是多么渺小。

回到 1 万年前的历史高空看当下，人类就像蚂蚁一样忙碌着，生活在一个二维的平面上，只知眼前，不知全局，也不知道未来会发生什么。但在这个二维平面之外还有广阔的空间，有广袤无垠的宇宙存在，这些空间可能是三维的，也有四维空间、五维空间……这些领域的秘密只能被人类中极少数的人窥见，比如爱因斯坦、霍金这样的顶尖科学家。大部分人，运用着后天学来的意识，始终处于懵懂之中，每天在为一己私欲劳碌奔波，如此度过一生。人类要意识到自己的渺小，对宇宙和自然有敬畏之心。

不懂敬畏就会没有底线，人有人的底线，地球有地球的底线，其他空间有其他空间的底线，宇宙有宇宙的底线，不要相互触犯。就像小说《三体》中，人类链接到外星文明，最终招来杀身之祸，书中人类在高智能体的外星人眼中如同蚂蚁一般低级。当下人心倒退，反而显得动物更加友善，低智能体的动物在提升，反而高智能体的人类在退步。如果人类的心性能继续提升，进入更高纬度空间，人类便不会再自相残杀，这将成为人类文明的一个巨大进步。这也是我想要达到的效果，让人们都感受到有更高纬度空间的存在，认识到俗话讲的举头三尺有神明。

人类要认识到宇宙博大精深，认识到宇宙有自己的频率，否则就像蚂蚁不知道有人类存在一样，直到被人类一脚踩死都不知道发生了什么。按照目前人类智慧的发展速度，各种人工智能、先进技术被发明和应用，在不远的将来，人类甚至有可能被机器人踩在脚下。如果机器人拥有了人类的思维，那更将是一场灾难。

人类要敬畏宇宙、敬畏自然，不要做越界的事情。当人类智慧的增长速度赶不上科技发展的速度，打破了宇宙的频率和平衡，将会导致失控，给人类带来灾难和毁灭。如何引领人们认识到这一点，这是我多年一直在努力的事情。当我拥有了能量，我没有用在别的地方，而是用到了人身上，既然人类是万事万物的主宰，那么只要人能改变，一切就都能改变，所以归根结底还是要改变人的思想。这也是我创作本书的一个重要原因，改变人的思想，从而改变这个世界，让人们生活更加和谐美好。

第二节　爱祖国

2.1 不忘先贤，珍惜家园

敬天地之后要敬家园，祖国就是我们的家园。我们的祖先在这片土地上耕耘和收获，我们的文化在这片土地上凝聚和传承，我们的祖祖辈辈在这片土地上出生与老去，爱祖国就是爱这个国家，爱这个国家的人民，爱这片土地上的文化，爱我们的祖先，爱那些创造了今天美好生活的先贤，包括那些抛头颅、洒热血的革命烈士。

爱祖国最好的方式就是珍惜祖先创造的美好家园，不要让几千年的文明基业毁在我们手上，不要成为那个挥霍掉家产的“败家子”。

祖先留给我们这么美好的家园，我们要加倍珍惜，而不是为了短期的利益胡乱开发，破坏环境，要懂得合理开发，适度开发，可持续开发，要懂得绿水青山才是金山银山，不辜负先贤们打下的江山。另外，我们从祖先那里继承了宝贵的资源，也应该为子孙后代着想，不能开发殆尽。资源毕竟是有限的，要时刻提醒自己，石油还能开采多少年，煤炭还能开采多少年，不要让我们的子孙继承一座空山。

祖先留下的资源不仅仅是名山大川、土地矿产，还包括文化资产，我们国家有五千年的文明，丰富悠久、博大精深的传统文化，各种神话传说和思想典籍，历代名人和历史文物，都是宝贵的资产。20 世纪 30 年代，有位日本建筑史学家撰写了一本《中国建筑史》，他在书中断言，中国境内已经不存在唐代木构建筑，想领略唐代木构建筑的古朴雄浑之美必须得去日本的京都和奈良。中国学者对此非常愤慨，最终梁思成携妻子林徽因先后历时 6 年，访遍大江南北，终于在五台山中找到了唐代兴建的佛光寺，狠狠反击了日本学者的狂妄，为彼时身处战火中的中国挣了一口气，大大激励了民心。但是这件事还是给人们敲响了警钟，不要让我们的文化有一天流失掉。

近几十年来，东西方文化交流很多，彼此影响，但从效果上来讲，东方没有学到西方文化的精髓。我们日常生活中很多理念和习惯都在被西方文化慢慢演变，年轻人也开始 AA 制，过度追求自我，追求享乐，变得没有人情味。但这只是学了一些皮毛，甚至很多是西方正在淘汰和摒弃的文化。西方也在学习和吸收东方文化，他们将这些文化运用到最重要的领域，比如金融、经济、企业运营、人际关系等，效果显著。

东方文化中很多宝贵的部分在西方得到很好地继承和发展，比如各种互助组织、宗亲会，如商会、协会等。外国甚至有传承了上百年的中国商会，这些在我们自己国内反而比较少见。国内商会、协会的大范围兴起是在八九十年代，伴随着经济的发展才逐步建立，但这种团结友好、互帮互助的文化在国外已经流行了上百年。国外的商会文化非常发达，无论是山东商会、福建商会还是东北商会，都传承了好几代人，人气特别旺。我记忆很深的是在新加坡参加过一次福建商会的活动，有几千人参加，非常热闹。这些商会除了维系情感，合作互助，还开设自己的学校、幼儿园、医院，把中国文化传递到国外，影响了很多人。

繁荣稳定的社会环境下，每个人都可以心无旁骛地去创造自己的美好生活。没有战争，没有饥荒，没有不确定的未来，我们国家有着强大的生命势能，这是国家和先贤为我们留下的宝贵资产。我们不但要珍惜，还要去投身建设，添砖加瓦，为祖国贡献自己的力量，为子孙后代创造一个美好的未来。

2.2 传承文化，使命担当

物质的东西终将消失，唯有文化生生不息，文化就是一个国家的灵魂。我很早就到国外发展，很多见闻让我更加坚定要传承优秀的中国文化，影响更多人，带动更多人。新加坡政府对待老年人的态度和举措让我印象深刻。

新加坡是一个东西方文化交汇融合的国家，很多新加坡人祖籍在中国，华人在当地占比超过 70%，他们对中华文化的传承体现在生活的点点滴滴中。在新加坡，80% 的人住在组屋里，这是一种政府提供的政策性保障住房。政府出台的组屋申请规则中有一条，如果申请者选择与父母合住或者住在父母家 2 公里范围以内，不但中签概率增加一倍，还会一次性获得一笔政府补贴。这样的举措旨在促进家庭和谐，增强家庭凝聚力，希望儿女多陪伴父母，不忘父母恩情，本质上还是中华孝道文化的体现。

有一位新加坡学员说，她对我印象最深刻的就是我身上的中国文化属性。她回忆刚见到我的时候，看到我身边围绕着很多外国人，除了新加坡人，还有美国人、印度人、马来西亚人和菲律宾人……很多人和我语言不通，但我能让他们感受到能量和帮助。她觉得我用中国文化吸引到了世界各地的朋友，用能量和大爱引领他们，把民族的优秀文化传播开来，这是非常了不起和值得骄傲的事情。

我发现当地年轻人更多受到西方文化影响，尤其在处理人际关系方面比较自我，缺乏集体意识，要知道家庭也是一个集体。这位新加坡学员有两个孩子，女儿 10 岁，儿子 6 岁，身上也有这种迹象，我便开始指导她如何用中国传统文化培养孩子。我教育自己的女儿时，会先和大女儿沟通，然后让小女儿听取大女儿的建议，培养他们尊长爱幼的礼貌，增加她们对手足之情的珍惜，这也是中国传统文化中最基本的要求。我将这套方法传给了这位学员，她回家照做，结果姐姐得到了弟弟的尊重，同时意识到自己作为姐姐肩负的责任。弟弟也学会了尊重姐姐，有事情先听取姐姐的意见，再表达自己的想法，不能上来直接说 No，这样的家庭教育在很多现代家庭中是缺失的。

有一次姐弟俩去补习班，但是带的钱不够买两份午饭，姐姐只给自己买了一份米饭，一份青菜，却给弟弟买了一根鸡腿。事后她还跟妈妈说，以后如果妈妈不在身边，那我作为姐姐就要照顾弟弟，照顾家庭。这位学员说，以前女儿不会这么大方和有责任心，这种改变让她欣喜。弟弟也没有让人失望，他说姐姐我们一起吃，一人一口，最后两个人一起把这根鸡腿吃掉了。谦虚礼让和互助互爱也是中华传统文化，中国自古就有孔融让梨的故事流传，但是现在很多二胎家庭、多胎家庭中，兄弟姐妹之间常常为了抢东西或者抢夺父母的爱互相争吵，而父母除了打骂之外束手无策，放任自流，都是传统文化流失的体现。

后来这位学员按我教授的方法和女儿一起静坐，女儿之前脾气不好，经常生气，静坐后心情平静了很多，愿意跟妈妈交流沟通，愿意去表达，说出自己的想法，不再一个人生闷气、发脾气。弟弟以前比较自我，现在睡觉前后会主动帮妈妈和姐姐开关空调，有意识地去做一些事情，在自己的能力范围内关心家人，这些都是在书本和课堂上学不到的。

在我的影响下，这位新加坡学员最后也选择了一份传承中国文化的工作。她充分利用自己的语言优势，考取了国际中文教师资格证书，给外国学生教授中文。我叮嘱她，做中文教育是在言传身教，影响外国人对中国文化的认知，自己也会获得成长。她把我的话当做信念，全力投入工作。有些外国小孩一开始见到她招呼都不会打，后来懂得先给老师倒杯水，说老师您好，请喝水。当看到这些谦逊有礼、尊师重道的传统被传播开来，她感到特别骄傲。

中国有很多优秀的传统文化，一个人身上继承了这种文化，不管他走到哪里都是中国人。我立志要和谐社会、和谐全世界，并把传播传统文化当作使命，希望每个中国人都能从传统文化中汲取能量，提升自己。不要觉得自己能量太渺小，能量可以相互传递，生命可以相互影响，当你播下一粒爱的种子，它会长成一棵参天大树。没有滴水汇聚，哪来汪洋大海，我们每个人都是一滴水，都是一颗种子。

第三节　孝父母

3.1 父母是最大的恩人

前文讲过，做好人道要敬生命的起源，谁是我们生命的起源，是谁给了我们思想和身体？是我们的父母，所以说孝父母就是敬生命的起源。和谐自己、和谐家庭才能和谐社会、和谐世界，怎样做到和谐呢？首先要和自己最亲的人和谐，父母就是我们最亲的人，孝父母是自我和谐的起源。

首先，父母给了我们生命。父母的基因孕育我们成人，从精子卵子结合那一刻起，从住进母亲身体的那一刻起，我们就开始接受母亲的营养和能量。在母亲肚子里的 10 个月，我们从几乎没有重量成长为七八斤的婴儿，而出生到成年，可能得用 20 年才能从七八斤长到 100 多斤，这个增长速度相比在母亲体内的 10 个月，完全不是一个比例。可以说，一个人在子宫里的时候受到的滋养，要远远超过出生后从外界得到的滋养，完全是父母创造了我们，他们多么伟大！

其次，父母还是我们和死神之间的守护神。一个人不管年龄多大，哪怕七八十岁，只要父母在，就还是个孩子。80 岁的老人如果还有 100 岁的父母，那他就是一位 80 岁的孩子，他身上就还保持着父母庇护的能量。有父母的时候你是个孩子，当没有父母了，你就需要直面死神。

父母甚至在离开之后还庇护着我们。我有一次给企业家讲课，一位上市公司老总课后找到我倾诉，他旗下不止一家上市公司，产业遍布医疗、化工等领域，钱对他来讲只是一个数字，他心里很迷茫，甚至有过轻生的想法。我跟他讲，很多人的生命承载不住巨大的财富，如果此时父母还健在的话，可以帮忙承载一些。有些财富、人脉可能是父母留下的，他们能分散一下压力，如果父母不在了，他们的余光还会停留一阵子，能量场继续保护自己的子女，这就是父母的能量。

父母给了我们生，又挡了我们死，离开之后还在庇护我们，无论从哪个角度讲，父母都是我们最大的恩人。我说过，感恩是一种爱，是能量，是力量，是信任，是包容，是心和意的链接，所以感恩父母、孝敬父母，会拥有更多福报。

有这样一个故事：一个年轻人迷上了求仙拜佛，有一天听说附近山上来了一位得道高僧，于是赶紧去拜访。年轻人见到高僧后，便询问如何才能得道成佛。高僧对他说，你现在就下山往回走，天快要下雨了，路上遇到赤脚给你开门的人，就是你想找的佛。你只要拜他为师，悉心照料，多加学习，一定也能成佛。年轻人很高兴，谢过高僧之后就下山了。天上很快下起大雨，年轻人冒着雨往家赶，路上不断遇到人家，但他敲门想要避雨的时候，没有一家给他开门。就这样，等他筋疲力尽回到家，已经是午夜时分，他非常失望，因为大师说的那个人没有出现。他敲了敲家里的门，门很快打开了，原来老母亲因为担心他一直没睡。这时候年轻人低头一看，老母亲只顾着开门，竟然顾不上穿鞋，赤脚站在冰凉的地上。他一瞬间明白了，原来父母就是我们的真佛！

我曾经对一些学员讲，一个人不管你信仰什么，如果不尊敬、不孝敬自己的父母，那信仰什么都没用。信仰的作用是洗涤心灵，教人向善，帮助大家越来越好，是能使人重生的一种引领方式，但今天很多人把信仰变成了迷信，一方面吃斋念佛，不杀生，不吃肉，一方面与公婆拌嘴，与爹妈打架，这信的是哪门子教呢？我明确批判这样的行为。我常说，什么叫信仰，大家都知道孝敬父母，这就是信仰。人心都是肉长的，人都是娘胎里出来的，与其信别人不如信父母，最起码父母是真心为你好。

现代社会中，各种观念层出不穷，但无论价值观如何变迁，孝道始终是我们应该秉持的核心价值观。孝道是我们自身品德修养的体现，是家庭成员之间情感的纽带，是家族兴旺的基础，更是社会和谐稳定的基石。孝道不分国家，不分种族，不分信仰。孝道是人性的体现，是心灵的力量，是爱的绽放，是生命价值的结晶。如果没有孝道，生命将失去价值，人类文明将会失去意义，并走向毁灭。相反，如果人人懂孝道，践行孝道，世界将处处洋溢着和谐美好的景象。

3.2 理解父母

两代人之间天然是有代沟的，父母与子女之间也不例外，很多父母在我面前痛哭流涕，他们不求自己对子女的付出得到回报，只希望良苦用心被看到，被理解，真是可怜天下父母心。

父母的好心得不到理解，表现之一是很多人宁愿去相信别人，也不愿意听父母的话，这种情况多发生在叛逆的年轻人身上。我有一位国外学员，她想出去闯荡，却把父母的担心和建议视作阻拦，感觉自己不被信任。认识我之前她经常跟父母吵架，没说几句就开始吵，关系闹得很僵。我引导她找到问题根源，排除意识中的负能量，更理智地去看待父母的建议，理解父母的用心。如果你能在外面听取朋友的建议，为什么不能听取家人的建议呢？认为朋友说什么都是对的，父母说什么都是错的，这是一种错误的心态。同时我引导她静坐，她经常参加我的课程，人慢慢平静下来。她母亲看到女儿的改变，也主动要求加入，两个人一起静坐。随着负能量排除，身心灵提升，母女关系得到了很大的改善。这位学员反思自己之前没有耐心，脾气糟糕，不懂尊重家人，现在遇到问题可以冷静思考，能静下心来听取父母的建议，三思而后行，不再抵抗和逃避。父母的话不一定全对，但那份爱是不会错的，更重要的是与家人真诚沟通，相亲相爱。

很多人真正理解父母都是在自己成为父母之后，这时候才能理解，父母的责骂是为了让自己更用功，能有一个美好的未来；父母管教太严，是为了保护自己不受伤害……父母只是不懂如何表达爱，自己却为此记恨父母，选择叛逆，专门和父母对着干。直到自己有了孩子，认知度提升，心念转变，才理解了父母。

理解父母需要多看到他们的艰辛和付出，父母是我们最亲近的人，却最容易被我们忽略，所以我一直号召大家多多了解父母。我组织和参加过很多孝敬父母、亲子主题的活动，每次我都会叮嘱在场的子女多多认识到父母的不易。下面是一位学员的感言：

2019 年母亲节，我带母亲参加过路老师组织的线下活动，路老师叮嘱我多理解母亲为我们一家人的付出，多了解母亲为家庭做出的贡献。我印象很深的是，路老师第一次见到我母亲，就直接跟我说："你妈妈一生经历了很多事，不管别人怎么说，她一直在坚持为家人付出。她做了很多你们不知道的事情，你们看不到，也不理解。但你要多向母亲学习，学习她这种坚忍的品格，不管别人说什么，坚定自己的内心，坚持做自己认为该做的事情。"我母亲听到路老师的话之后，眼泪一下子出来了，我当时还年轻，并不是很理解，现在想来，母亲受的苦得到了理解，我也下定决心按路老师说的去做，好好孝敬父母。

我经常帮学员和咨询者回忆小的时候，父母如何照顾家庭，忙完一天工作，拖着疲惫的身体回家，还要洗衣做饭，陪他们玩耍；既要照顾爷爷奶奶、姥姥姥爷，还要给他们创造最好的学习条件、成长环境，有时候自己生病了也只能硬撑着，因为他们是家里的顶梁柱，是所有人的依靠。很多父母难得听到有人理解自己的付出，很多子女被唤起了小时候的回忆，大家抱头痛哭，眼泪带走了心里的委屈，哭出了情绪中的负能量，父母和子女之间加深了理解。

在这一点上，国外学员的感受更加明显，他们小时候是散养状态，生活比较独立，18 岁之后就搬出去住了。他们认为父母在经济上比自己富裕，即便父母生病，他们首先想到的也是父母有保险，家里有保姆，或者医院里有护工，不用太担心。久而久之，这种观念在一些年轻人心里根深蒂固，导致很多人对父母的艰辛和付出不够了解，没有做到对父母的照顾和关爱。我在国外一场活动上讲出了父母的辛酸，父母对孩子的用心和挚爱，很多父母流下了眼泪。其中有一位 85 岁的老太太哭得一塌糊涂，她说自己有四个孩子，但都在国外工作，希望他们能常回家看看，他们却总说太忙。

我给很多人讲这些道理，是想让他们知道，我们的人生中不仅有赚钱，还有亲情；我们的生活不仅为了自己，还要感恩父母。我想让他们回归到与父母和谐相处的状态，回归人道，拥有一个好的能量场，如此才能提升自己的生命势能。

3.3 从爱惜自己做起

孝敬父母除了多陪伴，多帮他们解决生活中的问题，多多理解和体谅外，爱自己也是对父母的孝敬。尤其是当下社会，很多人在外工作，和父母相处时间比较短，爱护好自己，让父母少些牵挂，少些担心，也是一种孝敬方式。

《孝经》有云：身体发肤，受之父母，不敢毁伤，孝之始也。大家爱惜身体，平安健康，便是尽孝的开始。所以，不要再不吃早饭，不要再晚睡熬夜，不要再作息紊乱，不要再胡吃海塞，伤害身体便是伤害父母的心，便是不孝。我说过，钱有人会帮你花，房有人会帮你住，唯独有了病没人帮你去承担，珍惜自己的身体就是对家人负责，对父母尽孝。

爱自己要对父母真诚，有些婚姻不幸福的人会陷入一个误区，他们说自己之所以坚持不离婚是为了父母，父母会受不了打击。遇到这样想的人，我会给他们当头棒喝：错！父母是希望你幸福，希望你快乐，希望你健康，而不是希望你不离婚。如果你离了婚反而更阳光、更快乐，活得更有价值，父母怎么可能不开心？如果你不离婚，天天痛苦、纠结，生活乌烟瘴气，家庭被负能量充斥，身体健康出现问题，父母难道不会难过吗？所以，我有时候也会劝一些人离婚，不要让自己的父母痛苦，这时候离婚是一个正确的选择。

我遇到过很多父母非要逼孩子去上辅导班，去考一个好成绩，很多孩子变得叛逆，甚至有的已经到了抑郁症的边缘。我会问这些父母，你们是想要一个好学校、好成绩，还是希望孩子健康？这些父母如梦方醒，表示再也不逼孩子了，只要他们健康快乐。所以，不要怀疑父母的爱，不要怕父母知道真相之后会责怪你，不要对父母有隐瞒。如果父母知道孩子受了委屈，他们一定会站在孩子一边。每个人身上都有频率，能被感应到，如果你不真诚，不会得到好的回应。

父母总是盼着子女好，子女要理解父母的用心，但并不意味着要言听计从，要从结果出发考虑问题。曾经有一次，我主动让某个学员退课，因为我得知她的妈妈不久前查出了癌症，正在医院治疗。我语气很严厉，让她回去伺候生病的母亲。这位学员哭着跟我讲，妈妈叮嘱她一定要把这个课上完，她要听妈妈的话，这个时候不能让妈妈生气。我跟她讲，父母都是事事为孩子着想，永远盼着自己的孩子好，自己生病这么严重，也劝你不要分心，把课上完，你的妈妈是一位好妈妈，但你作为女儿，此时最大的孝敬是回去守在她身旁。时间宝贵，有些事情一旦错过将无法弥补，抱憾终身。如果这个道理都搞不懂，那这个课上了也没用。后来这位学员回到母亲身边尽孝，陪母亲走完了人生最后的时光，没有留下遗憾。我经常跟学员讲，你来上我的课是为了增强能量，如果你父母生病了，我情愿你回去照顾他们，这样做会得到更大的功德和能量，因为这件事更重要。

有一位单亲妈妈带着女儿来找我咨询，女儿相亲过很多次，都没有下文。她不忍心扔下母亲，希望能一直和母亲一起生活，照顾母亲。我反问这位女儿，如果妈妈当初不是为了你，本可以再找一个人结婚，这些年生活也就不用这么苦，但她怕你在新家庭中受委屈，所以坚持一个人把你带大。妈妈做的这一切不是为了让你长大后陪伴她，而是希望你幸福快乐，有自己的家庭。如果你违背了妈妈的愿望，甚至要牺牲自己的婚姻来陪伴妈妈，你觉得这是孝敬吗？你妈妈会开心吗？我太懂得单亲妈妈的不易，太了解孩子潜意识中的负能量，一番开导下来，母亲因为久违的被理解泪流满面，女儿也打开了心结，知道该怎么去做。

3.4 孝的误区

孝道的根本是什么？有人认为多给父母一些钱就是孝，有人认为让父母吃好喝好、有大房子住就是孝，这都是错误的。有时候父母在物质上没什么要求，就想让孩子来陪他们聊聊天。所以说，满足父母的需求才是孝。这个要求看似不高，践行起来难度不低，造成了不少家庭矛盾。这里就说一下孝道的几个误区。

误区一：不顾父母感受，一意孤行。

有的人父母生病之后就放下手里所有事情，辞掉工作，专门在家伺候父母。更有甚者对我说，路老师，你能不能帮帮我的妈妈，只要她的病能好，我情愿少活几年，我愿意用自己的命来换我妈的命。也有人说，我愿意代替我妈生病，结果真的就在母亲去世后不到一年得了同样的病。这种行为孝心可嘉，但很愚昧，父母真的愿意用孩子的命来换自己的命吗？这样只会让他们痛心。

误区二：忽略自己的基础和身边的人。

孝敬父母不是一天两天的事情，所以要考虑自己的基础，考虑身边的人。有人说，我三年不工作，就在家照顾父母，我说除非你是单身，而且有积蓄，否则就是对家庭不负责。孩子不要管了吗？回头老婆跟人跑了，这也不是父母想看到的。所以我说，孝敬要在自己的基础上执行，一定要平衡好身边的人。

每个人都有自己的基础，有的人有钱没时间，每天要管公司一堆事，天天加班熬夜；有的人上班朝九晚五，时间比较多，但经济状况一般。这时候大家取长补短，各尽所能，有钱的出钱，有力的出力，共同尽好这份责任。

误区三：把孝当做付出

人都是有私心的，孝敬父母、照顾老人就意味着要投入金钱、时间和精力，为什么有那么多人不孝？就是因为他们不愿意给父母花钱，不愿意把时间和精力分给父母。还有人会打小算盘，觉得自己出了钱就不欠父母的了，不需要再花时间陪伴。这些行为都陷入一个误区，把孝当做付出，当做是舍。

孝并不是一种付出，而是一种责任。孝敬父母并非为了得到回报，纯粹是出于良知，所以说孝敬父母需要内求。

孝不是为了得到回报，但并非尽孝就没有“回报”。俗话说百善孝为先，这里面有巨大的功德和福报，孝敬父母的人自己会越过越好，正能量越来越多。其次，孝道文化可以传承给子女和后代，成为家风、家训的一部分，孩子们感受到这种正能量，将来也会孝敬你。

误区四：分别心的孝

有人跟我埋怨父母偏心，有人跟我数落继父对自己不好，总之做不到心平气和地孝敬他们，顶多给点钱，尽一下义务。我劝说他们要有感恩之心，并且不要有分别心。

一位学员跟我抱怨，继父与母亲总是吵架，给她造成了很大的心理阴影。我跟她讲，就算是亲生父母，也少不了会有矛盾，有争吵，不要把一些正常行为想象成是针对自己的。现在二婚家庭这么多，你自己也再婚了，更应该为子女作出表率。

在我的观念中，众生即我，我即众生，我们渡众生就是在渡自己。我经常跟大家说，一个人不管在外面做了什么坏事，只要来到我面前，我就会去渡他。我甚至还收留过很多非亲非故的人，管吃管住，帮助他们……这也是为什么人们对我总是格外亲近，他们是被我的这种不分彼此的信息场吸引。我们对待外人尚能如此，更何况是对待自己的父母？所以我说天下父母都是我的父母，这是孝的最高层次。老吾老，以及人之老，如果每个人都意识到这一点，又怎么会出现“老人摔倒无人敢扶”的新闻呢？

说完了晚辈，再说下长辈。都说以顺为孝，对父母顺从就是最大的孝，但毕竟年代不同了，物质和思维不能总停留在过去，要与时俱进。现在有一种很突出的社会现象，很多父母心疼孩子，不愿意给孩子增添负担，结果操作不当，反而造成了更多的家庭矛盾，破坏了家族的势能。

有一种老人，坚持要在几个子女之间轮流吃住，他认为这是在一碗水端平，但忽略了客观情况。很多人在外地工作、安家，这种情况下有钱的出钱，有力的出力，没有必要按照老传统，过度追求形式上的公平，结果和谐才是真正的和谐。

还有一种老人，坚持在农村居住，不跟子女进城，他们认为是给儿女增添负担。如果老人身体健康，能生活自理，这样做无可厚非。但随着年龄增大，开始经常跑医院，需要孩子频繁放下手头工作，坐飞机、赶高铁回来看望、照料，这时候再坚持不跟儿女同住，才是真正给孩子添麻烦。如果住一起不方便，也可以在同一小区单独买或者租一套房子，方便照料。所以我一直说，小的时候孩子跟着父母走，等父母老了一定要跟着孩子走。给孩子提供最大的方便，这才是对孩子的关心，也是给孩子尽孝的机会。做父母的也要与时俱进，及时改变状态和观念。

第四节　守底线

4.1 真诚不违心

人道是做人的底线，那些不能突破的做人底线都属于人道的范畴，比如前文所讲的敬天地、爱祖国、孝父母；比如在当下要紧跟党的思想，践行党的政策，实现自我价值；比如传统文化中的仁、义、礼、智、信等美德；比如君子爱财，取之有道；比如尊师重道等。“三不违”也是做人的底线，即不违法、不违规、不违心。

三不违中，不违法、不违规很好理解，每个国家都有自己的法律，每个公司都有自己的规章，无论你在哪里生活，做什么工作，不违法、不违规才能生存下去，才能把工作做好。我说过，每个人都有自我的思想轨迹和行为轨迹，但我们也必须遵守世间的道德轨迹和国家的法律轨迹，这都是人道的轨迹。我们要顺势而为，不要逆势而动，不遵守人道就是逆向行驶。

不违心是指要真诚面对自己的本心，不掩饰，不虚伪。不违心听上去有些务虚，不够明确，正因如此，才需要更强的自制力，需要更高的境界。一个有底线的人，如果能做到不违心，他就能践行好人道。

不违心最直接体现在金钱观上。首先要正确看待金钱，我们的生活离不开钱，没钱日子就过不下去，就算出家当和尚、道士也要化缘或者接受资助，否则如何生存呢？一个人赚钱养活了自己，才能组建家庭，结婚生子，才能更好地孝敬父母，贡献社会。即便是做慈善公益，也得需要有资本。我这么多年来一直做慈善，捐款捐物，组织公益活动，免费讲课，这仅仅靠我的智慧是不够的，起码到各地讲课还需要买机票的钱，日常生活也要开支，所以做慈善也离不开钱。正是认识到钱的重要性，有些话别人不好开口，我会直面现实。我鼓励人们先去赚钱，尤其是年轻人。有一类人喊着“我不爱钱，我不爱财”，那是因为他们有钱，已经完成了财富积累，有了更高的精神追求，我对这种站着说话不腰疼的行为明确反对。有些人表面上不爱钱，是因为他出生在一个富裕家庭，如果他出生在一个贫苦家庭，肯定就不这么想了。年轻人刚刚开始工作和创业，他们没有钱，想赚钱改善生活，这是非常正常的诉求。尤其是那些有能力、有志向、能吃苦的年轻人，不能阻断他们追求美好生活的道路。面对那些来寻求帮助的人，我都鼓励他们先把自己搞好，先赚到钱，先让自己顺利，再谈其他事情。先和谐自己，才能和谐他人，和谐社会。不过，君子爱财，取之有道，这也是人道要遵守的底线。

不违心需要摘下虚伪的面具，有些人来找我咨询，嘴上说着自己不贪财，对赚钱不感兴趣，但绕来绕去还是想让我帮他们提升财运；有些人说我不是为了自己，我是为了公司，公司这么多员工不能下岗。我赞赏这样的老板，但想让公司发展好，员工生活质量提升，想成就很多家庭，归根结底还是需要钱，还是得求财；还有些人会跟我说，路老师，我不求别的，我就想好好的。我问他怎么样才算好，你现在有钱了说不求别的，过几年生意赔了，还能这么有定力，说自己不求财、不爱财吗？如果做不到，那你就没说真心话，是在违心。

很多人看似真诚，但讲出口的并非真心话，我愿意揭露他们的心思，戳破他们的虚伪，让他们直面现实，反思自己。我要求任何到我面前的人都真诚一点，实际一点，讲实话，不违心，只有这样我才能帮到你。虚伪和唱高调没有意义，不会让你得到真正的帮助。其实做人就是这么简单，看清楚真实的自己，不违心才能活得更精彩。很多人看不清自己，戴着面具生活，可是你虚伪给谁看？谁在乎你的虚伪？反正所有的错误最终都将由你自己来承担。曾经有一个女人向我咨询夫妻感情问题，两人感情不和，生意也一落千丈，我劝他们要同心同德，相互包容，这个女的不是很感兴趣。当我说你们现在虽然落魄，但合力起来有赚1个亿的能力，她立刻瞪大了眼睛，所以虚伪是藏不住的，人的想法都写在眼睛里。

不违心需要真诚面对本心，如此才能不留遗憾。我有一位学员，她原本有一段美好的婚姻，后来老公希望她能减少职场上的应酬，多照顾下家庭，像其他女人那样洗衣做饭，相夫教子。但是这位学员并不想做传统的贤妻良母，也想有一番自己的事业，就在这样的犹豫和拉扯中，丈夫最终选择离她而去。离婚之初，她非常难过和后悔，因为她还爱着老公，但又没有努力去争取和挽留，没有为这份爱去百分百付出。我用我自己的故事激励她，我的人生中每一段经历都很精彩，我从来没有后悔过，因为每次我都为爱、为对方努力付出，为身边的人付出所有，做到了我的极限，毫无保留，所以没有遗憾。我作为一个女人，主动要求修整祖坟，并承揽所有大小事务；有一位亲戚帮助过我们家，他去世后我主动要求抚养他的女儿……我做这些事情都是出于自愿，我愿意为他们付出，否则我心不安。我不想今生有遗憾，我要做到我的极限。如果每个人都拼命做到自己的极限，做到良知的极限，不违心，那大家就都没有遗憾了，这个社会也就清净和通透了。

真诚面对本心，真诚为人处世，不违心才能发出正确、准确、明确的频率，为你吸引来正能量。任何人都不要小瞧人道的能量，只要把人道做好，守住底线，不做违心的事情，世间大部分烦恼都会消失。但是，我们也要承认在这样一个被欲望裹挟的末法时代，很多人不守人道，毫无底线，用种种手段祸害人间，包括打着各种正当名义来假装助人的坏人，大家需要擦亮眼睛、提高心智，以防被骗。

4.2 感恩是传承

喊一声路妈妈，

你用慈爱将人们感化。

你菩萨的心像清清的泉水，

滴滴滋润纯净我的心房。

…………

这几句话出自一首歌词，背后有一个关于感恩的故事。十几年前曾经有一位企业家找我咨询，那是她最落魄的时候，企业濒临倒闭，后来我帮助她走出谷底，几百个员工保住了饭碗。她感恩我的帮助，自己写了两首歌，歌名叫《朝佛》和《路菩萨》，并找人谱曲上传到网络。后来她还带着歌手，专门在公司组织的大型会议上演唱，在座很多人都感动到流泪。这两首歌被很多人听到、传播，这位企业家也广受赞誉，收获了很多正能量。

我说过，感恩是一种爱的传承，是能量，是心和意的链接。感恩更是一种人道，是做人的底线，是人类社会中最珍贵的美德之一。一个感恩的社会是充满人情温暖、和谐相处的乐园，它是人性的扩展，是对生命的敬畏和对他人尊重的体现。所以，常怀感恩之心会拥有更多福报，获得更多势能。

感恩不一定需要很多经济支出，重点是真诚的心，哪怕只是几句话，一个小小的举动，都能完成一次心与心的沟通，制造出更多善意。曾经有一位咨询者，很多年前经常找我，不管是人生规划，还是选择结婚对象，都愿意咨询我的意见。很长一段时间里，她都是按照我的规划在走。后来有段时间我到国外发展，彼此接触的机会变少，渐渐断了音讯。前些年短视频平台兴起，一次偶然机会，我看到她正在直播，那时候她粉丝还不算特别多，我给她点赞、送花，以示鼓励。她认出我后，一下子触动了回忆，激动得流下泪水，哭得一塌糊涂。她开始在直播间讲述过去我对她的帮助，还不断说着感恩的话，她的真情流露吸引了很多网友停留，直播间人数不断上涨，也有一些认识我的人加入直播间，最终这场直播给她涨粉不少。我回国后，她专门带着团队登门表示感谢，并让我帮她规划直播和带货的走向，后来做得都不错，她也成为本地有名的网红。直到今天，她仍旧会在直播中感谢我对她的帮助，这种真诚的感恩令人感动。

人不是独立存在于这个世界，每个人都接受过他人的帮助，人要懂得感恩，常怀感恩之心。尤其是当你取得了成功，更要懂得感恩，并且要把感恩化作日常行为，不要等，不要拖，否则会有很多遗憾。

我的人生中有一位很重要的人物，时至今日，我仍会不时向身边人提起他，感恩他对我的帮助，他就是著名企业文化学家、前福建农林大学经济管理学院的吴教授。在我十六七岁的时候，吴教授听说了我的事情，写信给我。他肯定了我的能力，相信我将来会帮到更多的人，并鼓励我走出家乡，到更广阔的天地中施展自己。我工作后，他又向很多媒体推荐我，让他们采访报道我。虽然我没见过吴教授，但从交流中能感受到他的真诚，我知道他是我生命中的贵人，对此非常感恩。后来他还派了几拨学生到我们家来拜访，大家吃住在一起，有时候一住就是几个月，发生了很多有意思的故事。

直到二十多年后，我才有机会当面表达这种感恩之情，那时他已经查出患有癌症，人生已经进入了倒计时。那时我在国外，吴教授一位学生给我打电话，告诉我吴教授查出了癌症，他把自己关在一个房间里，谁也不见，也不去医院，这位学生希望我能劝一劝他。我回忆过往，感到无比痛心，痛哭了一场，然后放下手头工作飞往了福建。吴教授一直劝我不要去看望他，却安排自己各地的 30 多位学生来听我讲课，并请当地媒体进行报道。直到临终前，他仍旧想着如何帮助身边的人，把别人的事情放在第一位，这种精神令人敬佩。

后来在我软磨硬泡之下，吴教授终于同意见我。他德高望重，桃李满天下，却只住在一个几平方米的房间里，家具只有最简单的桌椅和一张 1.5 米宽的小床，他见到我之后强撑起身子，盘腿而坐。我想要帮他，给他一些能量，或者送他去医院，但都被他一一拒绝。他笑着摇头，说知道自己的命数。他为多年前自己学生中有人做事不妥向我表达歉意，并希望我日后多关照他的女儿。这次见面后不久，吴教授便去世了。我很庆幸有生之年能够当面表达对他的感恩，并时时自省，今后不要让感恩迟到，坚守住这条底线，不要让人生留下遗憾。

4.3 爱心与行善

爱是最高形式的付出，不仅激发内在的善良和同理心，也促进了家庭、社会和地球的和谐发展。个人层面，爱的付出使个体更有自信、更有动力去追求成长与幸福；社会层面，爱的付出创造了彼此尊重与合作的氛围，推动着文明的进步与发展。

爱能激发善良，反过来善良又催生出爱心。善是个人内在道德观念和良知的体现，是社会和谐发展的基石。它不仅让人与人之间建立起密切的情感联系，还能够减少社会中的冲突和矛盾，构建起一个更加和谐和包容的社会环境。

爱心与行善会集聚与传递能量，带来功德和福报。功德就是不断的爱心和行善结出的果实，是一种积极的能量，有助于提升个人的智慧和价值观。通过爱心与行善，个人可以积累功德，社会将更加和谐美好，人类文明将会取得更大的发展和进步。这也是我这么多年来组织与推动“爱心一路虔行”的初衷和动力。

爱心一路虔行是我多年前发起和组织的公益慈善活动，我自己承担所有费用，旨在向社会和大众传递爱心，唤起更多人一起行善，在这个过程中帮助更多人走出困境，让社会更加美好。这个公益慈善活动形式多样，包括公益讲座、爱心捐助、儿童义卖、养老院慰问等。这个过程中发生了很多感人的故事，改变了很多人的命运，参与其中的人心灵得到了净化，能量和功德都得到了升华。

记得最早组织爱心一路虔行的时候，隔壁地区一所小学进入我的视野，这所学校位于山区，学生上学要步行 8 公里，走两个小时山路，途中还要翻越火车道。但就是这么一所小学，因为生源较少，面临被关停的命运，以后学生们上学将更加困难。我为这所学校捐款捐物，还带动了当地几个企业家参与。他们纷纷慷慨解囊，翻修校舍，资助学生。后来这件事得到媒体报道，当地教育局保留下了这所小学。校长每年都会向我发来问候，表示感谢，我也多次回到这所学校，向他们赠书，进行公益演讲。这件事激励了我去做更多公益慈善活动。

爱心一路虔行直面的都是社会最尖锐的问题和各种困境中的人群，他们也是最需要帮助的人。在福建某地山区，面对当地众多留守儿童，我引导他们理解父母，感恩父母。他们平时只有爷爷奶奶陪伴，父母在外地打工，亲情的缺失给他们带来心理缺陷，让他们特别容易走极端，经过我的辅导，大家哭得稀里哗啦，理解了父母的付出。

我怀孕 5 个月的时候到戒毒所做公益培训和讲座，身边的亲友觉得危险，劝我不要去，就连戒毒所的所长都问我你敢不敢去？我说有什么不敢的，公益活动不是作秀，要敢于面对各种困难。这样的事情这些年还发生过很多。

现在爱心一路虔行的活动形式更加丰富，活动范围也更加广泛。除了国内各地之外，我们还曾经在新加坡社区举行公益讲座和活动；给美国职业学校的问题学生举办过公益课程，倾听他们的心声，引导他们的行为；到国外的戒毒所去做心灵疗愈，帮助他们早日恢复正常生活；还去了泰国、马来西亚等东南亚地区的一些医疗机构，为特殊病人群体讲课……这么多年来，我最常听到的话就是：路妈妈什么时候再来？相对于得到的认可，我更看重的是给大家带来的能量和改变。我曾经说过，爱别人比爱自己更幸福，爱别人会得到愉悦和快乐。爱别人不是一种施舍，是一种责任，一种境界，一种修行，更是人道的底线。

4.4 诚信是必须

守底线要求讲诚信。诚信是一种重要的品质，贯穿了人性和人心。诚信不仅仅是一种行为准则，还深层次地反映了一个人的内在观念。诚信更是一种价值观的体现，促进了社会的和谐发展。

从人性层面来讲，诚信需要自我尊重，也需要尊重他人，这是基础。诚信要求一个人在面对诱惑或挑战时能坚守内心的原则，不轻易妥协，保持行为与价值观的一致性。因为诚信，信任网络得以建立和稳固，社会资源才能有效分配和共享，并推动了经济、政治和文化的发展。诚信也是人与人之间互动交往的基石，承载了良好的人际关系，使得社会得以良好运转。人与人之间，团体与团体之间，乃至国家之间，都是同样的道理。

下面，我分别从几个层面讲一下诚信的价值和意义。

个人层面来讲，诚信是建立在自我尊重和他人尊重的基础上的，要求个体在面对诱惑或挑战时坚守内心的原则，反映了个体的真诚、坦率和责任感，是人性的内在显现。

家庭层面来讲，诚信是维系家庭和谐的关键因素，诚实守信的家庭成员能够建立真诚、稳固的关系，增强家庭成员之间的信任和理解，促进家庭的幸福与和睦。

人际关系层面来讲，诚信是建立良好关系的基础，赢得他人的信任和尊重，建立真诚、稳固的人际关系网络，使人们更愿意相互合作、支持和帮助，共同实现个人和共同的目标。

社会关系层面来讲，诚信建立和谐、真诚、信任的社会关系，促进资源的有效分配和共享，推动社会的经济、政治和文化的发展，让人们放心地追求梦想，共同创造更美好的未来。

世界关系层面来讲，诚信是构建国际友好关系的重要基础，增进国与国之间的相互理解与信任，推动世界各国共同应对全球性挑战，实现共同发展繁荣。

因此，诚信是我们永远坚守的必要选择，是底线，是人道，是高势能人生的基本条件。

4.5 责任是根本

有责任心不仅仅是一种道德义务，更是底线，是人道，是一种社会和个人都要具备的基本原则。

从个人层面来讲，责任意味着对自己的行为和决定负责。而在社会层面，责任则涵盖了对他人、对社会和对环境的影响负责。责任是建立在自律和诚实的基础上的。一个负责任的人不仅会遵守规则和法律，更会自觉地承担起自己的义务和责任。这种自觉的态度不仅体现在个人行为上，也体现在个人与他人、社会以及环境的互动中。

关于个人责任

个人责任是每个人在生活中所承担的义务和角色，它涉及对自己的言行负责，包括对自身健康、行为和决定的负责。

勇于承担个人责任有三个作用：首先是自我成长，个人责任推动个体积极地发展自我，促使其不断学习、成长和进步，从而实现个人的潜力和目标；其次是建立信任，个人责任是建立信任和良好人际关系的基础，负责任的行为可以增强他人对个体的信任和尊重，促进良好的人际互动；最后是参与社会，个人责任激励个体积极参与社会事务和公益活动，为社会福祉做出贡献，从而建设更加和谐美好的社会。

关于家庭责任

家庭责任是家庭成员之间相互承担的义务和关爱，它包括对家人的关心、支持和照顾，以及共同承担家庭生活和教育的责任。

勇于承担家庭责任的作用体现在三个方面：一是家庭和谐，家庭责任是维系家庭和谐的关键，它促进家庭成员之间的团结和互助，增强家庭的凝聚力和稳定性；二是个人成长，家庭责任有助于个人的成长和发展，通过家庭成员之间的互相支持和鼓励，个体可以更好地发展自我潜能和个性特点；三是价值传承，家庭责任有助于传承和弘扬家庭的价值观念和文化传统，培养家庭成员的良好品德和行为习惯。

我认为在家庭中，每个成员必须有家族的责任感。大家、小家、国家都是一样的，每个人都要为家族承担一份责任。家族中，我们要为我们的孩子负责任，要为各自的父母负责任，还要为你的妻子，你的丈夫负责任。如果一个家庭中，夫妻双方都站在家族责任感的基础上去经营，去孝敬父母，去和周围的人社交，我相信周围的一切都是和谐的。

具有责任感的人，思维意识不会出偏差，行为不会出错，他传递的是正能量，传承的是正行为；具有责任感的人，不会背叛家庭，不会事事指责对方的问题，不会揪着对方不放；具有责任感的人，首先会为别人着想。我提倡每一个家庭成员都要有家族责任感，家庭兴旺，家族兴旺，社会兴旺，国家才能兴旺。

关于社会责任

社会责任是个体对社会和公共利益负责的义务和行为，它包括尊重他人、参与社会事务、关心社会弱势群体等方面。

勇于承担社会责任的作用也有三个，首先是社会进步，社会责任是社会进步和发展的动力之一，它激励个体积极参与社会事务和公益活动，促进社会的公平、正义和发展；其次是社会和谐，社会责任有助于构建和谐社会关系，增强社会的凝聚力和稳定性，促进社会各界的和谐共处和互相尊重；第三是公共利益，社会责任强调个体应当为社会的整体利益考虑，关注社会弱势群体的利益，为解决社会问题和推动社会发展做出贡献。

关于全球责任

全球责任是个体和国际社会对全球性挑战和问题负责的义务和行为，它包括环保、全球贫困、人权等方面的责任。

勇于承担全球责任的作用体现在：一是全球合作，全球责任激励各国和国际社会跨越国界，共同应对全球性挑战，促进国际合作和共同发展；二是地球可持续性发展，全球责任关注地球环境和资源的可持续利用，致力于保护地球家园，确保未来世代的生存和发展；三是全球公平，全球责任强调各国和国际社会应当为全球贫困、人权等问题承担共同责任，促进全球公平和正义。

以上对个人、家庭、社会和全球层面的责任的阐述，可以帮助大家更好地理解责任在人类生活中的重要作用，以及个体和社会应当如何承担这些责任，共同建设一个更加美好、和谐和可持续的世界。

4.6 担当之胸怀

有担当是一种宝贵的品质，更是一种内在的力量，能够引领人们面对挑战，实现成长与成功，这种精神在人们的生活中扮演着重要角色。

担当需要胸怀，担当就是有胸怀。为什么这么说呢？

首先，当我们谈论胸怀时，我们深入到了人心的最深处，那里蕴藏着无限的力量和智慧。说担当是胸怀，不仅仅是指宽容和包容，更是一种智慧和洞察力，它使我们能够超越表面的分歧和矛盾，去理解他人的内心世界，从而建立起更加深厚的人际关系。

其次，面对当下的挑战，如疫情、气候变化和经济不确定性，这种胸怀成为我们应对困境的强大力量。在疫情肆虐的时候，这种胸怀呼唤我们团结一心，互相支持，共同抗击病毒。在气候危机日益严重的背景下，这种胸怀敦促我们采取行动，保护地球家园。在经济发展不确定的时代，这种胸怀引导我们勇敢面对挑战，寻求创新和发展。

最后，这种胸怀鼓励我们秉持诚信、勇敢和正直的品质，为社会贡献自己的一份力量。每个人都可以从自身做起，关爱他人，尊重他人，努力成为社会的建设者和守护者。

综上所述，担当体现出的这种胸怀，在当下现实中具有重要的意义和价值。只有通过担当，我们才能共同克服困难，实现个人和社会的持续发展。让我们怀揣担当与胸怀的信念，勇敢地面对生活的挑战，与他人携手共进，共同创造更加美好的未来。

4.7 包容是格局

提升生命势能的道路上需要包容之心。包容不仅是一种品质和美德，更是一种超越个人利益、超越狭隘观点的广阔格局。这种格局不仅在人类社会中具有重要意义，在世界、宇宙的角度上也扮演着至关重要的角色。

在广袤的宇宙中，地球仅是微不足道的一粒尘埃，而人类则是这颗微小星球上的一种生命形式。在面对宇宙的浩瀚与神秘时，包容不仅仅是一种智慧，更是一种谦卑与敬畏。它让我们意识到，我们只是宇宙中微小的一部分，我们的存在并不孤立于宇宙之外，而是与整个宇宙息息相关。因此，包容的视野从个人、社会、全球扩展至宇宙，使我们更加谦卑、宽容地面对生命和宇宙的奥秘，从而激发出更深层次的思考和理解。

在人与人之间的包容中，我们需要超越个人利益和狭隘的观点，站在更高的格局上审视彼此的存在。这让我们能够接纳他人的差异，尊重他人的选择和信仰，建立起相互尊重、相互支持的人际关系网络。通过这种包容，我们能够实现人与人之间的和谐共处，共同创造出更加美好的社会环境。

在家庭内部，包容不仅是夫妻之间相互理解与支持，更是父母与子女之间的沟通与关爱。父母需要包容孩子的成长过程中的种种困惑与挣扎，理解他们的需求与愿望，给予他们足够的支持和鼓励。而孩子也需要包容父母的教育方式与生活习惯，尊重他们的权威与经验，建立起亲密而和谐的家庭氛围。通过这种包容，家庭能够成为每个成员成长和发展的温床，为每个人的人生奠定坚实的基础。

在种族、社会、国家之间，包容是一种超越个体之上的品质，着眼于整个社会，乃至全球全宇宙，拥有如此广阔的视野，为人类文明发展树立起灯塔。我们需要超越地域和身份的界限，站在全球和宇宙的角度审视人类的共同命运。这种包容不仅是对多元文化和多样性的尊重，更是对人类共同价值观的认同和坚守。

在面对种种挑战和困境时，让我们怀着包容的心态去面对。相信包容的力量能够提升生命势能，能够改变世界，让我们的人类能够实现文明共存、共同发展，走向更加光明的未来。

4.8 人道就在当下

人道就在当下的生活中。很多人对我说，路老师，等我赚到几个亿之后，我就去和你一起捐钱修庙。我赶紧让他们打住，说当你有这样的发心，就已经没有人道了。我们没钱的时候就做没钱的事情，不是等有钱了才做事情，这就是当下的功德。

人道是做人的底线，做善事，积功德，不需要等你赚够多少钱。

有小钱施小德，有大钱施大德，小德有小回报，大德有大福报。如果你没有钱，可以身体力行，比如去做义工，当志愿者，帮助他人。不是做大事才叫行善，比如地上有一张废纸，你捡起来扔到垃圾箱里，就是一件善事，对环境有益的善事；你发现一只受伤的动物，把它送到宠物医院，也是一件善事，挽救了一条生命，是温暖了这个社会的善事。善事无大小，情义无多少，关键要有发自内心的善意，毫不迟疑的人道心。在你起心动念的那一刻，当下的功德就开始了。

时间不可倒退，岁月不可挽留，机会不会重来，牢牢把握住今天才是智慧。相对于做大事，坚持每天做一件小事更难。我们可以从身边的事情做起，日行一善。我是这么做的，所以得到大家的认可。大家心甘情愿认可你，这种效果不是坑蒙拐骗能得来的。所以说行善和有多少钱没关系，关键是你的思维意识中有没有善。不管别人怎么说，也不要在意未来如何，只要你心存善念，宇宙会给你最好的答案。种善因得善果，种恶因得恶果，人是自己的园丁，人生要获得幸福、美满、快乐，就要种善因、结善缘。

还有人在我面前说，路老师，等我赚够 100 万，我就给我父母买套房子，好好孝敬他们，让他们享福。我说那如果没赚够 100 万，难道就不管父母了，让他们睡大街？你父母没有赚很多钱，有不管过你吗？多少人要结婚的时候，父母想方设法帮着买房子，最差也得把旧房子装修一下，添置上新家具，没听说有父母因为没钱就不管子女的终身大事了。

父母为你付出，抚养你长大，你回馈父母，孝敬父母，这都是天经地义的事情，是人道。这种事情没法议价，也不能谈条件。你一个月只赚3000块钱，拿出几百块钱来孝敬父母，没有人会说你不孝；你一年赚几个亿，拿出100万来孝敬父母，那也不代表你比别人更孝顺。孝敬父母这件事，在自己的基础上尽心尽力，问心无愧就可以了。

人道是底线问题，是人人都应该无差别遵守的，不容设置前提条件。当今社会，太多事情都要设置前提条件，不仅违反人道，还破坏了传统文化中的一些仁义道德。过去物质条件不好，但不影响人们结合，有时候父母为儿女准备点新家具、几床新被褥就结婚了。那时候结婚是为了开启人生新阶段，奔赴新生活。但现在风气已经大大改变，很多人结婚就是算账，有儿子的算计如何婚前买房，不写对方名字；有女儿的算计结婚必须有房，买房必须写女儿的名字，不然就不结婚……这些为婚姻强加的前提条件，这些无处不在的算计，为将来婚姻的破裂埋下伏笔，成为无数次吵架的根源，难道结婚就是为了住更大更好的房子吗？这些贪欲带来的恶习有违人性，不仅违背了人道，也违背了我们祖宗留下来的文化，把风俗搞偏了。

人道就在当下，人道就是功德，所以行人道就是积功德，是功在当下，利在千秋的事情。人从出生就有思维意识，在出生之前就有灵魂，父母的能量是可以传递给孩子的，所以对于功德来讲，不仅我们自己可以享用，还可以传递给子孙，庇护他们。佛家讲现世报、来世报，是说有些行为在你今生就能看到因果报应，有些得在来世、在下一代身上才能体现，所以我讲，父母给孩子存钱不如存功德、存福报。功德和福报也是一种资产，和银行里的资产性质是一样的。今生是前世的果，来世是今生的果，我们无力改变前世，只能修正当下的自己，积德行善。

有人曾经问我，有瑕疵的人能不能行人道？犯错误的人能不能行人道？从业以来，很多不同行业的人向我求助，我对他们一视同仁，帮他们找到问题根源，为什么沦落至此，然后帮他们排除负能量，引领他们走出来。我觉得一个人不管过去如何，不要总盯着他犯过的错，而是要看当下，看未来，只要他们肯改过自新，都有当一个好人的权利。还是那句话，人道是底线，底线问题没有前提，人道就在当下生活中，人道就在一切事物中。

第六章
找到平衡点

第一节　找到自己的心

1.1 心在哪，行为和结果就在哪

我讲过，改变一个人的唯一途径就是改变他的思维意识。思维意识决定行为，行为决定结果，一件事结果如何取决于思维频率，而你的思维频率如何，则取决于你的心。你的心想要什么，就会发出什么样的磁场和频率，被思维意识链接到之后，就会转化为行为和结果。如果你的心渴望的是友善，那你就发出友善的磁场和频率，你的行为也是友善的，结果就是完美的；如果你的心渴望的是不择手段发财，那你的行为就是投机倒把、坑蒙拐骗、偷抢掠杀，结果就是去坐牢。所以说，你的心在哪，行为就在哪，结果就在哪。

人生就是一个人心态的大舞台，你用何种心态面对人生，就

会得到什么样的结果。美好的人生需要你来规划、编织，你也能亲手毁灭原本的美好。当下有很多企业家被一些成功学、激励课程洗脑，在讲师慷慨激昂的宣讲中失去理智，一心只想赚大钱，思维意识迷失自我，盲目投资和扩张，不在认知度内做事情，结果只会是经营失败，下场悲惨。一个人只有综合利弊，找到问题的平衡点，才能做出正确决策。心在哪，成果就在哪，千万不要为了眼下的财富和享乐去做错误的事情。切记宇宙是公平的，会裁定你的所作所为，把不该属于你的所得拿走。

现实中很多人并不知道自己的心在哪，思维混乱，在犹豫和纠结中自我折磨。曾经有一位女士找我咨询，我上来就说你目前很压抑，有能力，有才华，但是有胆怯心理，和领导、同事关系处理得不好，导致你没有绽放自己。她被说中了痛点，眼泪一下子涌出。我让她不要憋着，可以在我这里好好哭一场，释放下情绪。我进一步帮她分析，其实你目前这份工作没有问题，公司没有问题，团队没有问题，同事也没有问题，而是你的思维、行为、做事风格有问题，这是问题的内因。内因不改变，换了工作你仍然要面临同样的问题。打工人到哪里不得看领导脸色行事？你的心应该多关注自我改变，要敢于面对问题，解决问题，面对社会，适应社会，改变自己的思维和行为，才能改变结果，改变当下。你需要做的是让自己强大起来，而不是换一个外部环境，否则你到哪都不能适应，还是会萎靡痛苦。果不其然，她说自己其实也不想换工作，不想让十年的行业积累清零。原本纠结是否要换工作的她，现在幡然醒悟，自己把心放错了地方。她还想咨询姻缘，我让她暂时不要考虑，因为心在哪，行为和结果就在哪，目前她的心被工作问题占据。工作理不清，无心顾及其他，这时候盲目走进任何一段感情都不会有好的结果。

很多人想要换工作，但他们思维意识混乱，既搞不清问题出在哪里，也搞不清自己到底想要什么，这种状态下换工作，只会从一个火坑跳入另一个火坑。每当看到迷茫中的这些人，我既心疼又恨铁不成钢，他们中很多人很优秀，原本可以活出精彩的人生，但他们不知道自己的心在哪，最终没有绽放自己。我一般都会说，我愿意帮你，只要你愿意，就能改变自己的命运。

我还经常遇到那种与初恋旧情复燃的情侣，他们当年没能走到一起，多年以后，机缘巧合再次见面，很快打得火热。我会提醒他们考虑清楚，我知道很多人只是怀念当年的感觉。但总有人不听劝，甚至在冲动下离婚，去跟初恋结婚，结果就是过不了几年又和初恋分手了。心在哪，行为和结果就在哪，你的心还在当年的初恋中，但当年已经过去了，年轻时对物质条件不是很看重，但时间会把人改变，两个人要面临的是当下的生活，是未来的变化。现实是残酷的，只沉浸在当年的感情中，这种生活不会走得太远。

家庭生活更需要找到平衡点，因为家庭是一个特殊的能量场，涉及多方利益，冲突和矛盾太多，所以人们才说“家家有本难念的经”“清官难断家务事”。曾经有一对夫妻到我面前倾诉，妻子产后抑郁，负能量无处发泄，只能发泄到丈夫和父母身上。孩子的爷爷、奶奶不来帮忙带孩子，姥姥、姥爷有意见，因为心疼闺女，就把孩子接过去照顾，同时迁怒于女婿；丈夫因为总受岳父母白眼，畏惧上门去看孩子；时间一久，所有矛盾糅杂在一起，夫妻二人走到了离婚的边缘……我听完后只问他们一句话，你们想不想离婚？他们都表示不想，但好像事到如今只有离婚一种选择，否则问题无法解决。我说，心在哪，行为和结果就在哪，只要你们不想离婚，问题就能解决。

我对妻子说，作为女人我非常理解你，但你也要理解丈夫，公婆不来带孩子他也很生气，但他左右不了父母，逼急了回家跟父母大吵一架，也于事无补，只会让事情更糟糕。你也要多理解自己父母，他们心疼女儿才帮你带孩子，结果吃力不讨好，多么心寒。你要多感谢父母，给他们多买点东西，多在语言上赞美，哄他们开心，毕竟是亲生父母，还是疼自己闺女的。另外，如果不想离婚，千万不要总把离婚挂在嘴边，否则会有很强的心理暗示，也会加大父母对丈夫的不满。

我又对丈夫说，你虽然不能左右父母，不能强迫父母带孩子，但他们不出力可以出钱啊，请保姆也好，补贴给岳父母也好，总要有所表示，否则就太说不过去了。再者，你岳父母出了这么多力，心疼闺女，给你甩脸色也是正常的，你应该多理解，多多上门孝敬他们，让他们知道女儿跟着你没有受苦。如果真的在意这段婚姻，这点气度和毅力起码还是要有的。还要多感恩自己老婆，她受了这么多委屈，还选择跟你一起生活，你应该加倍回报她。

总之，只要大家的心还在一起，就一定会有办法化解矛盾。很多夫妻不懂一个道理，日子是给自己过的，不是给双方父母过的，更不是给外人过的，为那些外部原因选择离婚，非常不值得。如果两个人想要离婚，那太简单了，轻轻松松就能找到一百个理由，但不离婚只需要一个理由就够了，那就是双方的心还在一起。既然如此，为什么两个人不把这份爱凝聚起来，同心同德，同频共振，唤醒更多能量，构建一个和谐的家庭。这对年轻人打开了心结，凝聚了共识，开开心心地牵着手离开了。

找到自己的心需要有强大的心念，心念就是发自内心的那股力量，心念是心的出发点，是做任何事情的起点，心念会向行为和思想输送能量，心念强大的人很清楚自己想要什么。我有一位学员，离婚后带着女儿生活，我给她规划的是先以女儿的学业和发展为重，但她太过自我，把大量时间精力投入到个人感情中，结果差点耽误女儿的未来。太多女人活得痛苦就是因为心念太弱，找不到自己的心，搞不清生活的重点。心念不同，结果天壤之别，有人身患绝症，但心念强大，最终一再创造奇迹；也有人原本病情不算严重，但丧失心念，结果早早去世。我有时候会拿自己举例，我出生在农村，起点很低，如果服从命运安排，不可能走到今天，今天的我就是心念强大的结果。心念是因，苦乐是果，一个人心念太弱，就要承担自己酿下的苦果。

拥有强大的心念，找到自己的心，才会发出正确的频率，拥有清晰的思维意识，带来好的行为和结果，生命势能才能一步步提升。工作是这样，感情是这样，生活也是这样。

1.2 你的工作为什么总是没成果？

有人说我已经付出那么多，为什么还没有成功？并不是你只管付出就能成功。我们每天投入大量时间和精力到工作中，有几个人对结果满意？归根结底，我们的工作中充斥着大量心不在焉、把心用错地方的情况。心在哪，行为和结果就在哪，这也是很多人工作总是没有成果、没有成绩、无法升职加薪的原因。

一次我正要接受一个采访，感觉办公室里有点冷，两位学员主动找来一个电热坐垫。我说一个人做这件事就可以了，不用大家都忙，她们插上电源之后就离开了。我接受采访的时候全神贯注，采访完才发现，电热坐垫不热，原来她们只是把电源插上，却忘了打开开关。这是典型的三个和尚没水喝，我觉得这件事比较有代表性，于是把办公室所有人都召集到一起，做了一个复盘。首先，我特意叮嘱一个人做这件事就行了，因为一个人容易聚焦，两个人是两种思维，两种思维的人做同一件事，不是重复就是漏掉；其次，两个人的心都没有用对地方，都是为了做事而做事，插上电源就走人了。可是心在哪儿，有没有好好检查一下？外在的行为上看，好像什么都做了，可是唯独心没有再认真看一遍。这件事的目的是让路老师暖和一下，而不是给路老师一个电热坐垫，还是要回归到心在哪。和尚的心都在计较谁付出更多，怕被别人占了便宜，结果只能是和尚多了没水喝。

后来我专门拍了一个视频来讲述这个道理，我让员工给我拿一支铅笔过来，结果员工给我的铅笔没有笔尖。我问她这样的铅笔能用吗？她知道自己做错了，小声说不能用。我问她，那为什么还要拿给我呢？我让你拿一支铅笔，你就拿一支铅笔，却不考虑这支铅笔能不能用，这就是典型的为了做事而做事。你的心应该放到结果上，而不是机械地去做，不能只管自己做了没有，不管结果是否圆满，这样的工作态度是不可取的。

只盯动作，只抓过程，心没有放到结果上，这种情况在企业管理中比较常见。很多老板会向我表达这样的困惑：请来的 CEO 看着很厉害，但带动不了公司前进，员工也管理不好……我一般都会问这些老板，你们沟通过没有？如果你们“沟”了，“通”了没有？“沟”是手段，“通”才是目的，管理者的心应该放在“通”上，而不是“沟”上，否则就是本末倒置，没有结果。还有很多 CEO 根本不关注下面的经理和同事，或者关心比较少，却要求团队像一家人一样团结，这也是不可能的。你不关心下属，思维意识上没有沟通和链接，怎么能指望他们和你站在一起？我曾说过，如果一个领导心态高傲，脱离群众，只会让自己离团队越走越远，心在哪，行为和结果就在哪。

我有位学员在保险公司工作，从业务员一直做到业务经理，也有了自己的团队。她经常来我这里上课，课后练习静坐，不断提升自己，随着自身能量和磁场的提升，在公司开始承担更多任务。她的心越来越静，对于事务本质的把握也越来越清晰，她知道对于一个保险从业者来讲业绩很重要，但更重要的是不能走捷径，所以她没有去拉朋友、亲戚来充业绩，而是扎扎实实宣传保险的保障理念，客户虽然增长缓慢，但反馈都比较好。后来她专门服务企业，客户体量更大，要求也更高，她把心放在为客户提供优质服务上，把自己定位为一名服务者，一名公司和客户之间的平衡者。由于之前的服务不是很完善，有一家近千人规模的大客户对他们不满意，她用了一年时间去梳理理赔流程，第二年果然好了很多。客户开始按照要求提交信息，所有积压的理赔也全都到账，公司和客户都很满意。后来三年一次的招标中，她带领团队再次中标，继续服务这家企业，尽管此时这家企业的领导层都换了一遍，新来的领导对她不熟悉，但她的服务有口皆碑。

她总结过自己的业务经验，自己一直把心放在服务客户上，保障公司和客户的利益，有时候同一笔业务换种方式操作能拿到更多提成，但公司和客户利益都会受损，她会把个人的业绩放在第二位。正是因为这样的操作，她得到了客户的信任，反而赢得了更多订单。这是一个用心做事的典型案例，把心放在正确的地方，自然会得到好的结果。

1.3 不要迷失自己的心

年轻人涉世未深，容易被诱惑，迷失自己的心。我曾经帮助很多年轻人走出迷茫，找回自我，找到自己的心，其中一位新加坡学员的案例比较典型。

这位年轻人在师兄的介绍下加入一个项目，几个投资者都是商界大佬，非常有实力，第一笔启动资金就投入了 50 万美元。他和师兄负责市场开拓，师兄比他大十岁，社会经验丰富，提议两人从中拿回扣。这位学员知道这样不对，但经不起诱惑，后来又觉得不妥，找我求助。其实我一开始就预测过这个项目不会成功，会有人想要从中挪用款项，现在果然应验。我告诉他不要贪图这点小钱，不要目光短浅，因小失大。你现在还年轻，你的心应该放在长久发展上，放眼未来，而不是贪图赚快钱。新加坡毕竟不大，上层社会圈子很小，年轻人未来的路还很长，不要一时糊涂，毁掉名声，失去人脉关系，丢掉前程。很多人会觉得钱最重要，其实比钱更重要的是信誉，钱没了可以再赚，信誉没了失去的是赚钱的平台。这位学员当时手头也缺钱，加上疫情下商业环境不好，大家赚钱更难，所以几十万还是蛮有诱惑的，但他最后还是听了我的话，宁愿眼下苦一点，不要坏了人品，踏踏实实去做事情，先把人道做好，再谈做事，把心放对地方。

当这位学员去找老板坦白的时候，还面临一个难题，如何处理师兄的事情。一方面是这位师兄把他引入这家公司，有知遇之恩；但另一方面，这位师兄又引诱他犯错误。我教导他分析其中的利弊，老板都是久经沙场的人精，很多事情并非不知，只是睁一只眼闭一只眼而已，你只需要坦白自己的问题，不要牵扯其他人，伤害其他人，否则就是不道德的，老板想知道的话他自己会去查。

我又教他怎么向老板坦白，首先表明自己是想把事情做好的，自己的心在事业上，再真诚地承认错误。老板可能看不上这点钱，低端把戏也见多了，唯有真诚才能获得谅解，才能让老板感觉到你的良知和善根，或许还会因此赏识你的人品和才华，因为老板都是爱惜人才的，他们选择合作伙伴或者高管更注重一个人的品德，而不是要嘴皮子。我还说，如果我是老板，我会留意你这样的年轻人，日后再次有机会合作，会放心把事情交给你。

最后这位学员找到老板，主动把钱退了回去，并真诚表达了自己的心声。你的心在哪，行为和结果就在哪，如我所料，老板不但肯定了这位学员真诚的态度，原谅了他，还表示以后会再次合作，两个人一直保持着良好的关系。他也没有出卖师兄，两人继续来往。

一个年轻人被引诱犯错，能顶住诱惑和压力，主动到老板面前真诚地剖析自己，展示自己的缺点，主动认错，需要非常大的勇气和责任心。我经常说人要常反思、常自律，做到这一点很难，但这位学员做到了。我对他说，就冲这一点，你将来一定能成就一番事业，我看准你的人品，看准你的发展，也愿意成就你的未来，你的生命势能绝对会得到很大的提升。

误入歧途、迷失自己的心，便会把心放错地方，发出错误的频率，这种情况在生活中比较常见。有很多老板事业做到一定阶段便会陷入瓶颈，突破不了现在的状态，虽然有钱有势有地位，可是找不到自我，结局往往是财富散尽，甚至家破人亡。年纪轻轻的亿万富豪突然早逝，这种事情经常在新闻中看到。有人问，很多有钱人也在做慈善，捐学校、修桥铺路，按说也算是积功德了，怎么会落得如此下场？我不排除这些人是在行善事，但很多人发心有问题，他们做善事的目的不纯，为了宣传企业、宣传个人，为了满足虚荣心，再拿这些名誉去换取更多资源。原本应该是灵魂层面的提升，最后变成了个人私欲的满足，不禁让人想问，他们的心在哪？他们是不是真的在做慈善？

还有人问我，路老师，为什么我做了这么多好事，结果还不如那些作恶的人？我会反问他们，你只看到别人作恶的一面，有没有看到别人行善的一面？你只看到自己行善的一面，有没有剖析自己作恶的一面？他人的善可能大于恶，而你的恶可能大于善，如果你总盯着别人的恶，总觉得自己最好，你就会怨天尤人，抱怨老天不公平，抱怨自己命不好。你的心在哪，行为和结果就在哪，你的命就在哪。所以，不要把心放在别人的缺点上，误入歧途。

我从业 30 年，接触过的人形形色色、林林总总，很多人今天有了很高的成就，有人把公司做到上市，有人成了协会会长，有人成了知名的医生和画家，企业高管更是不计其数。很多人会说，没有路老师的指导就没有我的今天，我要感恩路老师。但我很清晰自己的定位，我是一个助人者，我帮助他人不是为了站到舞台上接受顶礼膜拜，况且很多人身份和地位今非昔比，要注意公众形象，我要为他们考虑。所以即便有人邀请我出席一些场合和活动，让我发言，我也会委婉拒绝。我不需要这样的名气，这也不是我助人的初心，我会继续选择在幕后，成为那个成就他人的人。我说过，不管别人对我怎么样，我对谁都会保持一颗真心，不管他们是感谢我、回馈我，还是让我吃亏、被骗、受伤，都不能改变这一点，因为这是我的初心。相反，如果你被外界的声音影响，说明你的内心不够强大，心念不够成熟，对初心的坚守不够牢固。

我经常教导学员，我们不能拿着别人的荣耀来炫耀自己，我们也不能拿着自己的成绩去伤害别人，讲的便是帮助人、成就人的时候心在哪。这么多年下来，我的这个理念已经在学员中被广泛接受，大家一言一行都会注意有没有影响和伤害到别人。

第二节　回归问题原点

2.1 找到问题原点就找到了平衡点

人生的关键在于平衡各方因素，而找平衡点的关键往往在于找到问题的原点。任何问题都有根源，我称之为原点，找到问题原点，那些杂乱无章、毫无头绪的问题便有了条理，平衡点开始清晰，问题迎刃而解。很多人信任我，就是因为我能洞察对方的心理，帮他们找到问题原点。很多人在我面前忍不住流泪、痛哭、倾诉，因为他们感觉内心的苦楚能够被人理解。

有一对情侣吵得不可开交，都坚持自己没有错，我看到再这样下去恐怕要分手，便帮他们梳理了一下。原来这个男人在朋友带领下去拜访一位老领导，男人把自己女友也一起带去了，结果趁着男人和朋友去卫生间的时候，女友主动加了领导的微信，还要了领导的手机号。等他们从卫生间回来，领导把刚才加微信的事情说了一下。事后男人很生气，指责女友不该主动问领导要联系方式。女友不理解，也很生气，她觉得只是加个微信而已，也是为了男友方便联系领导，至于发这么大的火吗？

我听清楚事情原委，便跟这个女人讲，这里面你犯了几个忌讳：你和这位领导初次见面，中间还隔着一位介绍人，并且你男友之后要和这位领导长期合作，所以第一，你私下加领导微信，领导会怎么想？会不会误会这是在使美人计，还是给他下什么套？第二，你这样做让男友在朋友面前没法做人，这位朋友会想你带个女人过来，私下跟领导眉来眼去，有没有把我放在眼里？第三，你有没有尊重男友，你是他女友，但你偏挑一个男友不在场的时候随便加别的男人微信，从哪一点来讲都不合适，会影响领导和朋友的看法，甚至影响男友的事业。相反，这位领导为了避嫌，主动提了这件事，说明是一位比较精明和懂礼数的领导。我这一通分析找到了问题的原点，女人听完之后恍然大悟，才知道自己犯下了多大的错误，才知道商务应酬中需要平衡太多因素，是自己打破了平衡，让事情变得混乱和不可控。问题原点找到了，她的心也找到了，她正视自己的问题，向男友真诚道歉，两人很快和好了。

曾经有一位母亲向我咨询，她儿子7岁，总是喜欢自己玩，不合群，每次出门都嚷着赶紧回家，她认为儿子性格太内向，询问我该如何调整孩子的性格。我一针见血地指出，孩子性格没有问题，有问题的是你。你对孩子太溺爱了，这种溺爱让他从小不善于沟通，承受能力太差，太脆弱，这样下去很危险。他会受不了同学之间的勾心斗角，不适应学校的群体环境，学业也容易半途而废，最后自我封闭，自我压抑，自我抑郁。问题的原点出在你的溺爱，你的爱已经把孩子包裹起来了，这种包裹让他失去独立思考和独立应对的能力，恐惧外界的环境，恐惧外界的人和事，变得离不开你。最后我给她指出，不要盯着孩子的性格，要改变的是你的教育方式，你要给孩子创造机会，让他放飞自我，让他学会抗压，适应学校生活，融入社会。你要改变，因为你才是孩子性格问题的原点。

我很多次跟学员和咨询者讲，你们肉眼看见的不一定是真的，耳朵听见的也不一定是真的，要了解事情的本质，找到它的根源，找到问题的原点，才能了解真相，才能解决问题。有位学员经常被我批评，外人会觉得我铁面无情，太过严苛，可是她悲惨的身世、不幸的婚姻、家人的期盼、抛家舍业跟随我学习的付出，这些幕后故事没人知道。我原本可以拒绝这件事情，毕竟我没有这个义务，况且还要承受巨大的压力，但我的责任心不允许我这么做。我相信能力是逼出来的，所以对她的日常要求会很严格。很多人不知道这个学员的遭遇，也不理解我的心情，帮助人、成就人才是我做这件事的原点，但大家只看到我如此严苛，不近人情。所以，看问题还是要看本质，找原点。

很多女人因为生活不幸福找我咨询，我告诉她们：女人追求幸福是自然的，可是很多女人总是找不到幸福的根源，看不清幸福的原点。其实独立才是女人幸福的基石，经济独立的女人不会被钱所约束；精神独立的女人懂得时刻解脱自己，不会随时被男人的花心所刺伤；意识独立的女人最能清醒地辨别出什么是真爱，什么是假情，什么是真正属于自己的幸福，对爱懂得何时去把握，何时去放手；情感独立的女人不会把自己的一生全部依托于男人。具有这四点独立的女人，能够时刻摆正自己的心态和位置，这样才能找到幸福之神。

很多人抱怨父母太严格，把自己快逼疯了，因此责怪、记恨父母。面对这个问题，我会让他们去找一下问题原点，为什么父母会如此严格？任何事情都有原因，小孩子有小孩子的原因，大人有大人的原因，找到原因就不会痛苦了。另外，找到原点之后，人就不会只盯着问题表面，原地踏步，而是会去想办法解决问题。一个人事业失败了，总盯在赔了1000万上，每天纠结痛苦，哀嚎我怎么办呀？没用的，你要找出赔了1000万的原因，然后去践行，更好地去面对你的生活。我提倡勇敢面对生活，而不是天天去算命。命不是算来的，是你的思维意识和你的行为规划来、努力争取来的。

我曾说过，人生总会遇到各种苦难危机，我们不要被困难打倒，要从困难中找到重生的希望，因为任何事情的发生都有它的缘由，所以我们要学会让心静下来，把自己的思维意识调频到事物的起点、问题的原点，静心去辨别、分析、判断事物的发展轨迹，自然会找到解决之道。

2.2 孩子问题的原点往往在家长身上

孩子是家庭的未来，是社会的未来，孩子的教育问题也是全民最关心的问题。很多父母为孩子操碎了心，每天找我咨询的人中很大一部分都是为孩子而来，但我给出的答案往往让很多家长大吃一惊，他们第一次意识到原来自己才是问题的原点。

孩子模仿能力很强，很多孩子吐脏字、说脏话，三番五次教育，就是改不了，这种情况往往是父母中有人说脏话，被孩子模仿了去。父母很发愁，却不知道问题出在自己身上，总是盯着孩子。

他们问我："路老师，我家孩子在学校说脏话骂人，又被老师投诉了，这可怎么办呢？"我说很简单，让孩子回家骂你们两个就行了。当孩子骂父母的时候，父母才会意识到问题是出在谁身上，只有做父母的改变了，孩子才会改变。父母是孩子的一面镜子，怎样才能当好这面镜子，有时候也需要孩子教育一下父母，这就叫反观教育。

孩子沉迷手机也是当下一大教育难题，多少家长为此费尽脑汁，甚至大打出手。每当有父母跟我抱怨的时候，我会当着孩子的面反问他，你玩不玩手机？如果你天天在孩子面前沉迷手机，怎么能指望孩子不上瘾呢？这才是问题原点。孩子需要陪伴，父母喜欢读书，孩子也会喜欢读书，父母沉迷手机，孩子也会被手机吸引。这么简单一个道理，很多家长不懂，醒悟不了。希望家长反观自己，你的心在哪，你的成就就在哪，你会成为孩子心中的标杆，给孩子正确的引领。我也鼓励孩子去找父母身上的问题，找父母身上的原因，以此来让父母认清问题原点，效果会很好。

还有一种很普遍的现象，很多父母觉得不能让孩子经历太多，不能让孩子为生活苦恼，包括家里的一些负担，父母承担的压力，都不能让孩子知道，只希望孩子健康快乐成长。顺境中长大的孩子责任感一般都很低，明明父母都是有知识、有文化、有能力的人，教育出来的孩子却没有能力、没有担当，很多父母此时会嫌弃子女，数落他们。这种时候我会反问，你们早干吗去了？问题的原点就出在你们身上。娇生惯养，不让孩子吃苦，缺乏锻炼，没有承受力和感恩心，俗话说严父出孝子，慈母多败儿，就是这个道理。

我举办过很多次中小学生夏令营，组织他们到广场去义卖，把家里不用的玩具和图书拿到广场上卖掉，然后捐献给敬老院的老人，还会组织孩子表演节目，很多老人都感动得流下了泪水。这样的活动一是让孩子体验家长赚钱的辛苦，既锻炼了孩子的能力，又增进了和父母的感情；二是培养孩子的爱心，从小给他们播下爱的种子，让他们知道要关爱老人，要做公益，做一个对社会有价值的人。这些孩子的家长也学会了如何与孩子相处，一位家长曾经这样记录：

路老师说一定要多和孩子沟通，注意孩子的心理健康，但我意识不到这个问题，那时候我光顾着赚钱，忙自己的事情。孩子上初二的时候开始叛逆，沉迷打游戏，经常一玩就是一个通宵。路老师讲过，按她的体系培养，孩子是不会叛逆的，每个叛逆的孩子都是心中有问题，只要找到问题并解决掉，叛逆也就消失了。我也试着用这种方法去找问题的原点，结果发现孩子并不喜欢玩游戏。他之所以通宵玩，是为了给别人养号，或者赚游戏里的金币，然后换成钱，做自己喜欢的事情。原本孩子是有零花钱的，后来因为种种原因被取消了，没想到这件事让孩子感觉失去了自由。年轻人不喜欢交流，你不给我钱，那我就自己去赚，所以才开始通宵达旦玩游戏。找到问题原点之后，我跟孩子约法三章，我可以继续给他零花钱，但他要报备钱花到哪里去了，这件事情也就解决了。

路老师说过跟孩子沟通不仅要“沟”，更重要的是“通”，我很庆幸能及时与孩子沟通，并找到了问题原点。很多孩子走错路，表面上是因为欲望不满足，其实另有原因，但很多家长只知道责怪，不去关注孩子的内心，找不到问题原点，一再错过挽救孩子的机会。

后来孩子中考的时候压力太大，开始厌学，找不到方向和目标，甚至觉得读书没有用。我带孩子一起找到路老师，路老师分析利弊，给孩子做了一个人生规划，让孩子知道未来走哪条路，应该把心放在哪里，只要坚定走下去，就会抵达目标。孩子知道该怎么做，也就不彷徨和纠结了，最后超常发挥，以超出录取线十分的成绩上了高中。路老师对孩子的指点，对家长的指导，对这么多家庭的帮助，让我非常感激和敬佩。

很多家长找到我，求我帮帮他们的孩子，我一语道破，我要帮的不是孩子，而是你们，是你们有问题。我见过太多父母站在道德制高点，以爱的名义对孩子的天性进行遏制，孩子不顺从自己，就打压他们，或者寻死觅活，恐吓孩子。这种爱太压抑，让孩子没有呼吸的空间，我称之为“温柔的折磨”“软伤害”“绑架式教育”“绑架式的爱”。这种爱不是真爱，会挫伤孩子的心灵和意志，葬送孩子的前程。我们要给孩子无私的信任，学会放手，给他们面对困难、勇闯生活的决心和勇气，做孩子的朋友。

曾经有一位妈妈找我咨询，三年前儿子高考，在选专业问题上两人曾经有过争执，儿子喜欢历史，想报历史专业，但妈妈认为这个专业不好就业，于是擅自做主，更改了志愿。如今儿子大三了，偏科严重，挂了几门课，又想换历史专业。妈妈觉得头大，怀疑自己当初更改孩子的志愿是不是做错了。

我跟她讲：你的孩子心智成熟，自主性很强，但你不理解孩子，不懂孩子，和孩子拧着来，这就是做妈妈的失败。你让他安排自己的人生，他会安排得很好。你却几次三番地不按孩子的意愿选择。孩子为了你，暂时委曲求全，但到最后还是会叛逆。他想做的事一定会做，他不想做的事怎么兜圈子他都不会做。大学里白白耗上了三年的时间，挂了几门课，毕业都困难。

这位妈妈感觉很惭愧，但她仍旧说：如果让孩子选择的话，一定会选择历史专业，真的很难就业，我这全是为了他啊。

见她仍旧是执迷不悟，我说："如果儿子选了自己喜欢的历史专业，他会强大自己，他会想方设法展示自己的智慧，展示自己的能力，他会继续上升。可是你一而再地打压他的积极性，他心疼你，于是默不作声，但这种选择违背了自己的意愿，内心没有动力，什么都做不成。儿子学历史专业，将来可以从事新闻、写作、历史文化类工作，也会有很好的发展。如果你这次再干预他的选择，他再次做了错误的选择，得用十年才能转回运来。我建议你尊重孩子的选择，让孩子自己来做决定。"

妈妈沉吟半晌，说您说得对，儿子对我说过，他不是学不会，而是不想学。您看我这操了心，还办了坏事。

很多父母孩子之间的问题，原点都出自家长的"我认为"，却不知道孩子需要什么。我经常说，爱是一种美好，也是一种伤害。父母释放给孩子的爱是否正确，决定着孩子成长的质量。我真诚地希望各位父母，想要让孩子走得更远，就要学会放手，学会在适当的时机退出。

曾经有父母跟我哭诉孩子学坏了，总跟坏孩子混在一起，有时候还受他们欺负。可是孩子为什么宁愿受欺负，还要跟他们一起混？原因是父母没有带给他足够的爱和安全感，和他们在一起，起码能得到一份归属感。我见过太多懂事的孩子，为了不让父母担心，忍气吞声，所有压抑自己承受，反过来还被父母责备。我心疼他们，一旦有机会就为他们发声。所以，家长们不要总停留在问题表面，觉得孩子学坏了，孩子不上进，要向内挖掘原因，找到问题的原点。当父母的要多从自身找原因，给孩子树立一个好的榜样，否则等孩子成年后，感情的裂缝将难以弥合，多少父母与子女一生为敌，成为两代人最大的痛。

第三节　盘点人生资本

3.1 盘点人生资本，找对人生道路

做生意需要资本，做人也需要资本，资本多选择就多，资本少选择就少，没有资本就没有选择。我说过，不要怪别人看不起你，关键是你要有让别人看得起的资本。这个道理很容易懂，难的是很多人思维意识混乱，搞不清楚自己的人生资本，选错人生道路，以至于付出惨痛代价，而我要做的就是帮他们盘点人生资本。

离婚已经成为当今绕不开的一个社会话题，很多人找我咨询是否应该离婚，我会反问他们，你有离婚的资本吗？因为离婚很简单，去趟民政局就能离婚，可是离婚之后怎么办？你的生活有没有着落，你有没有独立生存的能力，你有没有一个人养孩子的能力，这些问题你有好好考虑过吗？当盘点清楚人生资本，分析清楚利弊得失，很多人自然就冷静下来了。

曾经有一位女士找我咨询，她 54 岁与老公离婚，离婚后继续住在前夫的房子里。在这期间，这位女士又谈恋爱了，这时候她纠结要不要搬出去跟男朋友同居。我让她盘点一下自己的人生资本，不仅要问问自己想要什么，还要客观分析下自己，能给对方带来什么价值，综合考虑之后再做决定。我说过，当你想让别人为你付出的时候，先问问自己的价值在哪，没有人愿意白白付出。

看对方还是有些懵，我问了她几个问题：如果你搬出去和男

朋友同居，首先，这个家你肯定回不来了，搬出去容易搬回来难；其次，你们能保证走到一起吗？对方可以托付终身吗？你的余生有保障吗？前夫让你继续住他的房子，说明对你还是有感情的，起码你的生活不成问题，孩子来看望你还有个独立的空间。如果你想打破这种平衡，你的资本在哪儿？搬出去之后，生存问题怎么解决？能有一个安稳的住所吗？总不能五十多岁还要租房子住吧。

这位女士说，男朋友希望她搬过去一起住，还说要一起买房子。我直接问，什么时间买？在哪个地方买？你对这个男朋友到底了解多少？看她还在纠结，我又给她出了一招，如果你执意搬过去，就让这个男人先买房子，看他敢不敢给你承诺和保障，任何阶段的女人都要有保障。他能做到这一步，你就可以放心，他要是不同意，你就安安稳稳住在前夫的房子里，哪里也不要去。

哪个年龄段的女人都容易被男人骗，尤其是受过伤的女人，不能再受伤害，要活明白、看明白，往后余生才能安稳度过，女人要理智。我给她的这个建议非常直接，但是肯定管用，能让她看清自己的资本，也看清不靠谱的诱惑，最终走出执念，明确自己的心。

盘点人生资本是为了做出最优选择，离婚会摆脱婚姻的痛苦，但也可能会失去生活的保障，产生新的痛苦。事情总是不止一面，离婚虽然可能失去一些东西，但也可能得到一个新的开始，让人焕发生机。所以说，我并不是反对离婚，或者支持离婚，只是想让身处其中的人学会盘点和思考，选择最优的那条路来走，而不是因为某个点，一冲动就要离婚。盘点清楚自己的人生资本，选择最有利的道路，并坚持实行、执行、践行，这样的人思维意识清晰，生命势能强大，才算是活明白，活通透了。

但是，多数人没有盘点人生资本的意识和能力，能运用潜意识，拥有生命势能的人只是少数。我曾经指导过一位离婚的女士，告诉她不该离婚，这不是最好的选择，我相信她听懂了，但我知道她做不到。如果再给她一次机会，她还是会选择离婚，因为她控制不住自己的情绪，这就是典型的思维意识混乱，辨别力、分析力、判断力不清晰，使用意识而非潜意识决策，生命势能不够强大的表现。

很多咨询者听完我的分析之后，说我比他们还了解自己，因为我知道很多人生命势能不足，看不清前方的道路。我经常说一句话，路选对了越走越宽，路选错了越走越窄，有的人就走到死胡同里去了。走错道路的代价是惨痛的，很多人因为一个错误的选择，后半生都会为此付出代价。所以，看到执迷不悟的人我会很着急，选错一条路可能要兜十年圈子才能回到正确的道路上来，有的选择真的耽误不起，尤其是那些感情上冲动的人，横加干涉孩子的家长，被贪欲侵蚀的人……他们身处其中，当局者迷，而我很清楚他们面前摆着几条路，每一条路的结局最终通向哪里。我知道哪些路是不归路，哪些路是更痛的路，我会帮他们盘点人生资本，呈现每一种选择的结局，以此点醒他们，帮他们找到自己的心，让他们幡然醒悟。这时候我会再问他们，你还想要走这条路吗？如果不想，那好，我重新给你规划一条路。

曾经有一位男士找我咨询职业选择，我明确告诉他，事业方面，你今年可以打基础，明年才会有提升，但是你需要坚持。不过你今年会有想法，想换工作，但是我不建议，你现在的工作就挺不错，换一个也不会更合适。果不其然，他承认自己刚刚跳槽，原本在连锁公司做区域经理，待遇不错，但现在这家公司老板不断向他抛出橄榄枝，并许诺高薪，他也就同意了。结果也如我所料，公司的发展并没有老板嘴上说的那样好，承诺的高薪也兑现不了，工作上处处受限，施展不开，此时原单位已经回不去了，只能恼怒、后悔，为犯下的错误买单。我劝他，事已至此，不要太悲观，接下来两年事业上会有转机，但这两年里家庭会出现危机，老人身体、孩子考学、夫妻感情……会产生很多指责、抱怨和争吵，一定要熬过这段艰难的时期，后面一切都会走上正轨。因为对自己认识不清，一次错误的选择足以摧毁一个人的事业和家庭，但只要能看清远方的路，我们对当下的生活就会更有信心。

盘点人生资本需要辨别力、分析力、判断力清晰，意识里有强大的能量，如果你自觉能力不足，能量不够，可以借助外界能量，寻求高人指点。很多人找我咨询和求助，我会帮他们盘点人生资本，找对人生道路，也会帮助他们排除负能量，开发潜意识，提高生命势能。期待每个人都能拥有这种能量，学会盘点人生资本，人生少走弯路和错路。

3.2 认清局限，摆正自己的位置

盘点人生资本能认清自己的局限，摆正自己的位置，清晰自己的定位，做出正确的选择，发出正确的频率。我说过，生活需要自己先定好位，才能找到自我，才能有新的开始。一个人对自己的定位决定了自己的选择，决定了自己有多少财富，决定了自己活着的价值。

很多年轻人好高骛远，在择业的时候眼高手低，屡屡受挫，我会让他们认清自己的局限，摆正自己位置，如此才能清楚自己的定位，做出正确选择。一位年轻人跟着领导来找我咨询，我能看出他是那种人品端正、专心工作的人，但不被理解，缺乏一些引领。于是我跟他的领导讲，这位年轻人身上有潜力，人品也好，你一定要引领好他，支持他继续往前发展。这位年轻人很吃惊，人生中第一次被人理解，被人认可，对我很是佩服。后来，有人喊他合伙开一家宠物店，他来咨询我的意见。因为这些合伙人家境都很好，我就让他先盘点一下自己的人生资本，找到自己的价值，否则合作伙伴认识不到你的价值，慢慢就把你边缘化了。只有摆正自己的位置，找准自己的定位，事业才能稳固。后来在我的引导和帮助下，他明确了自己的资本，那就是年轻、勤奋、真诚。年轻人没有钱，没有社会关系，但是有时间、有体力、有上进心，可以多做事情。之后，他干脆住在了店里，把所有时间和精力都投入到宠物店的运营中。年轻人赢得信任还有一点很重要，那就是人品，我叮嘱他一定要把货理清，把账记清，把钱算清，做好自己的本分。账目和钱是最能影响合伙人心态的，也是对年轻人最大的考验，所以一定不能出问题。就这样做了两年，这家宠物店所有大小事务，包括销售、上架、仓管、会计全都是他在做，并且做得井井有条，账务和钱上没出过一次错。现在店里大小事情都要向他咨询，听取他的意见，合伙人对他非常信任，这家店已经离不开他了。

关于年轻人找工作，我建议他们从底层做起，先证明自己的能力，体现自己的价值。年轻人积累不足，能量不够，需要先积攒能量。当能量层面提升了，就有资本可以追求更高的目标。所以年轻人不要沮丧，不要气馁，更不要好高骛远，踏踏实实做事，老老实实做人，修人品，修功德，积攒能量。

一位女士看过我的视频之后感觉特别有收获，她正好面临工作上的抉择，就想找我聊一下。她近几年一直在家带孩子，为此放弃了工作，这段时间她感觉思维越来越迟钝，内心越来越压抑，所以特别想找事情做。现在孩子到了上学年龄，她迫不及待重返职场，目前有几个选择：可以协助老公做事，可以去和老公有业务往来的表哥那里工作，还可以出去创业，她不知道该如何取舍。

我帮她盘点了一下人生资本：首先，你很有能力，有执行力，不拘小节，顾全大局，你自己创业的话肯定能干得很好，财运会很旺。况且你需要绽放自己，否则压抑太久，负能量无处发泄，心理会出问题。但是，我建议你考虑一下老公，你老公有创业精神，有开拓精神，有胆量，不过他守不住财，而你会守财，能旺夫，你和老公在一起会合财。如果分开干，你的财运很旺，但你老公那边运势就会下滑，而且感情会有损伤，时间久了婚姻也就到头了。

她觉得我看人很准，她老公的确比较能折腾，但守不住财，自己一次次给他收拾烂摊子。两个人的感情也出现了问题，已经分居半年，而且交流比较少。之前还会吵架，现在架都懒得吵，有情绪只能自己消化。

我知道这个女士不想放弃这段感情，不想拆散这个家，于是我给她做了一个规划，我说：首先，我非常理解你目前这种糟糕的感受，你需要活出自己的样子，先做好自己才能处理好别的问题，否则你会抑郁。你对这个家庭付出了很多，对谁都没有亏欠，所以在今后的时光里要活出自己的价值。即便是要挽回家庭，也不能放弃做自己。其次，你选择的工作可以和老公的业务有关联，但不要形影不离，这样一来方便你观察和监督对方，帮老公守财，二来距离产生美，你在外面多跑一跑，释放自己的能力，展示自己的魅力，老公会对你有更客观的认识，更加体会到你的好。不要让他觉得你离不开他，不要让他觉得吃定你了。最后，综合上述因素，平衡个人的价值实现与家庭的稳定幸福，最好选择老公表哥那边的机会。这样既保持了关系的呼应，又保持了一定距离，而且多年没有在职场打拼，不宜太过激进，正好需要一个适应过程。

她对这个选择非常满意，在需求与顾虑之间，在个人和家庭之间找到了一个最佳平衡点。我相信她能走出抑郁，并且把工作做得有声有色，家庭经营得非常和谐，因为她对自己的人生资本非常清晰，人生目标非常明确，并把自己放到了最正确的位置。

我说过，其实活着很简单，活得精彩很难。人生就是一个舞台，最大的残忍是找不到自己的角色。一个人只要找准自己的位置，就能成为主角，演好人生这场大戏。

3.3 掌握平衡，掌握幸福

盘点人生资本，找对人生道路，认清局限，摆正自己位置，都是在找一个平衡点。我讲过，人生就是活一个平衡，找到平衡点才能发出正确的频率，做出正确的决策。可以说，谁掌握了平衡，谁就掌握了幸福。

有一对夫妻是我的学员，他们的结合是典范，在我的引领下，两个人都找到了平衡点。女方小时候被家长溺爱，比较自私，后来家境落败，与父亲关系破裂，一气之下离家出走，开始闯荡社会。灯红酒绿的工作环境让她逐渐迷失自我，后来大病一场，找到我求助。在我的调理之下，她的身体逐渐恢复，与父亲也重归于好。此时她刚从低谷中走出，没有多少人生资本，最需要做的就是学本领、学做人，慢慢积攒能量。我已经给她安排好了工作，但她耐心不足，三力不清，错误地将年轻看作人生资本，把婚姻当作救命稻草，闪婚后又很快离婚。经过这么一折腾，她身上集聚了更多负能量，她也醒悟过来，反思之后一步步排除负能量，慢慢恢复了正常状态，并且越来越好。2018 年在我的牵线下，她与另一个学员结缘，成为夫妻。这位学员是一个身价很高的企业家，年龄比她大很多，但两个人在一起很幸福。企业家见多识广，阅人无数，商场上尔虞我诈，最需要的伴侣不一定是有多少钱，有多高的学历，而是那种真诚、善良、懂得照顾人和让人放心的女人。而这位女学员自己是经历过生死、经历过婚姻的人，不贪图荣华富贵，只求对方愿意陪伴自己、心疼自己。两个人各自的需求点都很明确，平衡点比较契合，所以很快走到一起，结为了伴侣。

我说过人与人之间就是"交易"关系，这场交易是否值得，你能否接受，不要去看别人怎么说。每个人生活的环境不一样，你的需求只有你自己清楚，你的平衡点只有你自己能把握，能平衡各方需求的交易就是最好的交易。

还有一位学员，从小失去母亲，继母对她不好，早早就辍学进入社会。这样的遭遇让她极度缺爱，渴望关怀，原本寄希望于婚姻能解救自己，天不遂人愿，婚姻很快破裂，独自带着儿子生活。后来她再次走入婚姻，没过几年，丈夫查出了尿毒症，每周透析两次。这位学员很郁闷，一时不知所措。我安慰她冷静下来，帮她分析，找到问题的平衡点。首先，儿子和继父关系很好，虽然一开始也不是很接受他，但日久见人心，最后两个人关系变得很亲密；其次，这个男人虽然得了重病，却坚持工作，拼命赚钱，尽职尽责为家里撑起一片天，没有血缘关系却胜过血缘关系，令人感动。什么叫真爱？在我看来，这就叫真爱。一个人有钱的时候奉献钱，有身体的时候奉献身体，毫无保留地奉献，这就叫真爱；一个人运势好的时候拼命为家里赚钱，运势不好的时候就在家里照顾家人，一心顾家，这就叫真爱。很多人说要找真爱，却不懂得什么叫真爱，亿万富翁送你十套房子，那不一定是真爱；能在自己的基础上为你付出所有，这才是真爱。所以，找问题的平衡点，也要在自己的基础上、认知度上去找。一番分析下来，这位学员找到了平衡点，放下了纠结。她感觉能遇到这样的好男人，她是幸福的，一个愿意拿生命为她们母子打拼生活的人，可能世界上不会有第二个，所以还有什么理由去纠结呢？后来她还主动学了推拿，为老公减轻病痛。

那些在婚姻里明白自己想要什么，各取所需，能达成平衡的人，都是活得通透，活明白了的人。但很多人不知道自己想要什么，不知道自己的心在哪。我在给求助者做咨询的时候，问得最多的问题就是：你想要什么？你想要家庭，你想要事业，你想要孩子，你想要老公……还是别的什么？只有知道想要什么，我才能帮你找到平衡点，帮你实现利益最大化。和谐自己只是基础，我会站在咨询者的角度，帮他达成双方和谐，三方和谐，多方和谐，让每个人都站到正确的位置上，各取所需，皆大欢喜，这也是很多人愿意找我咨询的原因。

第七章
力行合一

开发潜意识，提升生命势能，要知行合一，更要力行合一。

“力”是指三力：辨别力、分析力、判断力。

“行”是指三行：实行、执行、践行。

第一节　三力清晰

1.1 改变认知

思维意识决定行为，行为决定结果，我曾经讲过，改变一个人的唯一途径就是改变他的思维意识。有的人思维意识很强大，表现就是三力（辨别力、分析力、判断力）清晰，能把握住问题平衡点，发出正确频率；思维意识弱的人，缺乏能量，三力不清，认知层次低，思维意识发出的频率也是微弱的，错误的，无法触及潜意识中的能量，更谈不上成就高势能人生。所以，提升思维意识的维度，改变认知、清晰三力，是开发潜意识、提升生命势能的重要一环。

普通人的思维意识多源自后天家庭的培养、学校的学习，以及对他人的模仿，受社会和环境影响很大。太多恶习、陋习和错误的观念，像一张无形的网，把人牢牢困住，使其无法突破意识层面，触碰潜意识层面的能量，阻碍生命势能的提升。我对学员和咨询者做的事情，就是帮他们提升思维意识的维度，甚至重新构建思维意识，以此来改变对事物的认知，增强三力，所以人们也称我为思维意识的引领者。

一位学员说，我对她最大的改变，就是提升了思维意识，让她对生活有了新的认知，原本看似无解的难题也能轻松化解。她作为第一代独生子女，比较自我，总是处理不好人际关系，婚后与丈夫和公婆矛盾不断，控制不住情绪，一吵架就摔东西。后来随着不断学习、进步，思维意识得到提升，认知力也随之增强，能量场变得强大。她不再像以前那样情绪失控，能理性对待人性，不会只看到一个人的好，或者一个人的坏。她也明白了家庭关系中不能只顾自己，还得让另一半感到舒服，这样家庭才能和谐。当她的认知提升，能做到置身事外看问题、换个角度看问题、顾全大局看问题、心平气和地处理问题，和之前完全不是一个境界。

这位学员从小把孩子交给姥姥带，对孩子的教育参与不多，当她发现孩子身上有问题，会忍不住一顿训斥，但当孩子长大，她慢慢发现孩子身上的问题居然和自己一模一样。孩子不愿意跟她交流，有一段时间母女之间很难沟通，妈妈的话女儿不愿意听，当耳旁风，这让她非常焦躁，觉得自己是一个失败的母亲。随着思维意识提升，认知得到改变，她不再像传统家长那样自以为是，觉得自己比孩子懂得多，自己就是权威，开始正视自己的问题。当她不再强势，孩子反而接受了她，母女间变得无话不谈。后来她把女儿交给我来培养，她知道无论我让孩子学什么，安排她做什么，都是在帮孩子构建思维意识，她深知这是一堂人生必修课，早上早受益。

我说过，人生很简单，人生很快乐，很多人之所以痛苦，是因为他们不懂得打破固有思维，改变认知。

曾经有一位管理者，总是处理不好与团队成员的关系，他自己是业务出身，所以觉得做业务很简单，只要努力去做，拼命去做，多约客户见面，约更多客户见面，就能出业绩，为什么这些人做不好呢？这也是管理者普遍面临的困惑，下属的执行力总是实现不了自己的战略。后来他跟我学习了一段时间，思维意识逐渐提升，对这个问题有了新的认知。他认识到，每个人的成长经历不一样，他自己的人生一帆风顺，从小家庭和睦，父母给予他很多爱，这让他一直比较自信。但团队中的其他人不一定有这么好的成长环境，很多人没有良好的家庭教育，有的人从小父母离异，还有人是抑郁症患者，但他以前根本意识不到这一点，总是把业绩不好归因于不努力。他反思自己不够理解他人，思考问题太主观，只关注工作，没想过要去了解他们的人生，关心他们的生活。自己就像机器人一样傲慢、机械、冷血，以至于失去了一些有潜力的成员。他懂得了换位思考，懂得了必须换一种管理方式，不再是命令，而是要引导。他认真研究了团队里每位成员，有的人沟通方面有问题，有的人做事爱拖延，有的人信心不足，充满各种负能量。他对症下药，把团队成员送到排泄负能量的课堂上，也会寻求我的一对一指点，补充能量。一番操作下来，团队成员不仅业绩得到提升，个人成长方面也有进步，每个人都变成了更好的自己。这一段经历下来，他的生命势能也得到了很大提升。

我说过，人生中的对与错、成与败、合与分往往都在一念之间。我曾经拿自己的经历来举例，我是一个农民，出身和生活基础比不上很多人，但我为什么能走出老家，走向国际？因为我的思维意识。其实我和很多人一样，只是一个普通的女人。只是我明白，要在合适的时间做合适的事情，在不合适的时间把控住自己。我们出错，我们遇到挫折，我们失败，都是因为我们思维意识的辨别力、分析力、判断力出了问题。看到很多年轻人总是在抱怨没有机会，指责平台不好、老板不好、同事不好，我说不要怪父母，不要怪身边的人，更不要怪你的平台。我们要多内求，找找自己的问题，先树立一个正确的思维意识，因为思维意识决定行为，行为决定结果，无数结果组成了你的一生，决定了你的命运。想要改变当下的命运，必须先改变认知，提升思维。

1.2 提升三力

三力（辨别力、分析力、判断力）是一个人认识世界、解决问题的根本能力，三力清晰才会做出正确决策，导向成功，三力不清便会决策混乱，无法发出正确的频率。三力清晰与否，取决于思维意识是否强大，如果思维意识混乱，充满负能量，三力不可能清晰。

很多人苦恼社会太复杂，很难适应，其实并不复杂，所有关系的处理都是利与弊的取舍。我说过，生活中的挫折与痛苦都是因为三力出了问题。下面讲几个有关三力的案例，看看我们的生活如何被三力掌控与左右。

三力不清的人缺乏常识，有时候让人又气又急。曾经有一位女士通过朋友介绍认识我，那时她还在给别人打工，经常让我帮她做一些事业上的规划，后来自己创业，积累了不少财富。有一次她决定开一家服装店，我告诉她不合适，因为这不是她的主业，贸然进入一个新领域，并且在大商场租门店，风险很大。但她只顾着自己买衣服方便，再说还有那么多闺蜜，生意应该不会差，关键这是她从小的梦想。结果可想而知，不出我预料，服装店不到两年就倒闭了，房租都没赚回来。

创业毕竟只是钱的事情，可在健康方面她也三力不清。她得了甲状腺结节，这种病根据症状有不同的治疗方式，可以食疗，可以中医调理，严重的可以做手术。她的甲状腺结节原本不是恶性的，还没到需要手术的地步，也有朋友劝她多看几位大夫，但这么重要的事情她却一意孤行，只看了一位大夫就做了手术。后来她在我这边看到同样症状的患者，人家只是通过静坐休养便消除了结节，她后悔不已，自责白白挨了一刀。事已至此，我也只能安慰她谨遵医嘱。

没过太久，她母亲乳腺出了问题，我叮嘱她赶紧带母亲去医院，一定要重视。但她后来没再跟我同步过信息，等我再次见到她，才知道她母亲已经在本地医院做了切除手术。后来她又把病例托朋友拿到北京专家那里去看，专家说这种情况根本不需要做手术，也不用做化疗。这下她又抑郁了，愁眉不展，痛苦纠结，又找到我倾诉，后悔没有咨询我该在本地住院还是去北京住院，对不起自己的妈妈……我直接回她说，你要是没钱，在家门口住院就行，可是你并不缺钱，就这么一位妈妈，涉及生命的事情，难道不应该去条件好的医院吗？这样的选择题难道不会做吗？这时候她又说，我妹妹觉得在哪住院区别不大。而她妹妹不过是一个大学刚毕业的小姑娘而已，这种大事怎么可以交给她做主呢？这样基本的判断力难道没有吗？这便是典型的三力不清。

有位认识我十几年的企业家，从事仓储和物流生意，自认为比较理性。他认为我对他最大的帮助，就是每当他面临关键抉择，我总能帮他做出正确的选择，这背后运用到的就是三力。

他一直后悔认识我太晚了，在这之前他因为三力不清摔了一个大跟头，被他认为是一生中犯过最大的错误。他在外地投资了一个炼钢厂，正常运营的话一年炼钢200万吨没问题，前期的土地、环评也解决了，银行贷款也批复了，但就在这个时候，聘请来的厂长卷钱跑路了，导致上亿的资金损失。这位厂长原本是一家大型钢厂的领导，按照正常思路，这种人是不会给一个小企业打工的，所以聘请他从根本上讲就是一个错误，成为最大的不可控因素。事情到这原本还没陷入死局，卷款逃跑的人也被抓了回来，如果此时聚焦钢厂，还是很有可能把厂子建起来，虽然前期有一些损失，不过正常投产后利润还是非常可观的。这时候他又犯了第二个错误，意气用事，一门心思要把这位厂长送进监狱。可等官司打完，案子虽然取得了想要的结果，但因为无暇顾及，建厂的事情也被耽误了。这两件事都是典型的三力不清，识人、用人失误，事情的轻重缓急判断错误，他后悔没有早点认识我，否则创业和人生道路都会走得更顺畅一些，也认识到了三力的重要性。

后来这位企业家又遇到一件事，他居中托朋友帮人解决了一个大麻烦，对方原先承诺要拿出200万元来作为居间费用，但事情解决之后翻脸不认账，这让他非常生气。他有方法让对方这笔生意赚到的钱全部归零，涉及金额达到上千万。当他把这个想法告诉我的时候，被我制止了，他的理智已经被报复的心理占据，思维意识混乱，三力不清，贸然行动，只会制造矛盾，为将来留下巨大的隐患，后来他在我的劝说下放弃了报复的念头。

我有一位美国学员，她之前很容易被周围环境影响，别人给她一个建议，她不管是否合适，都会尽量采纳，最后变成了别人说什么她就做什么。在别人眼里，她是一个善于听取别人意见的人，但她知道并非如此，这个问题让她很困扰。我直接给她指出，这样缺乏主见、没有独立思维、对别人一味顺从是典型的三力不清。

她最早见到我的时候，非常羡慕我身上的两个品质，一是真实、真诚，有想法会直接说出来；二是能看到问题的重点，一语中的，让对话者感到被理解，内心被激发。我告诉她，这是三力清晰的表现，当你很清楚问题在哪，很清楚自己想要什么，人自然就有主见，就会自信，别人也会更加尊重你。我从培养她的自信心和沟通能力两方面入手，引导她大胆表达自己的想法，遵从内心做事情。经过一段时间锻炼，她的思维意识逐渐增强，三力明显清晰，甚至还能去引导别人。她目前在美国带领一个团队，通过身体疗愈、自然疗愈方式改善亚健康问题，团队里面有人比她年长很多，但她承担起了领导者的角色，这在之前是不敢想象的。同样，提升思维意识，三力清晰为提升生命势能带来的加持，也是不可想象的。

第二节　积极践行

2.1 行动带来改变

只要有行动，就能看到改变，很多道理或许无法一时吸收和消化，但那些行动能力强的人，那些边做边领悟的人，都成为最终的受益者。

前面提到的美国学员，不擅长表达，畏惧沟通，缺乏耐心和自信心，但好在这是一个认真听话的女孩，行动力比较强。为了帮她提升表达能力，建立自信，2017 年我把她邀请到了中国，在我们这边待了几个月。这段时间，不管大小场合我都带着她，给她机会上台表达，让她表演节目，带着小朋友一起跳舞，安排她给孩子们上英语课……总之，哪里人多安排她去哪里。作为一个黑人，她走到哪里都有人围观，但我还是让她去展示，去承受新奇的目光，如此来提升她的表达能力，打碎她的玻璃心，让她敢于在各种场合、各种人群面前大方展示自己。她或许不理解，也曾有过胆怯，但她顶着压力，克服害怕的心理，逐一照做。几个月下来，整个人焕然一新。后来，无论我在哪个国家开课，她都会毫不犹豫报名。有一次我在巴厘岛开了一个关于前世今生的高端课程，她直接花了几千美金买机票到巴厘岛，只为见我一面。她已经尝到了行动力的甜头，认可我给她带来的提升，所以任何课程都愿意听，哪怕一时不理解，也愿意去照做，不期待立即见效，但往往收获出人意料。这就是相信的力量，这就是行动的力量。

行动中蕴藏着能量，也预示着结果，即使是最细微的动作，也孕育着结果和改变。佛陀曾说，不要忽视小恶，再小的火花也能烧掉山一般高的草堆；不要忽视小善，再小的水滴，也能将容器积满。所以说，行动中的力量可能暂时很微弱，但这股力量不会消失，它会一直慢慢发酵，开花结果。人们总是忘了日常微小的行动，将结果归因于幸运和偶然，世界上哪有什么好运，一切都逃不过因果循环。我说过，一切事态的发展、变化、结果都不是偶然的，宇宙中的能量信息场对任何事物和人都是平等的，如果你发出的是正能量、正信息，一切都是美好的！如果你发出的是负能量、负信息，那一切都是糟糕的。

一位新加坡学员经常参加我举办的公益课程，她觉得这些课程非常宝贵，其中涉及了中国传统文化，还涉及能提升修为的心德教育，在古代都是王公贵族才能接触的知识，今天普通人也有机会接触，所以格外珍惜。她积极参与，到课堂上静坐、看书和感悟，一开始静坐没有什么反应，很多时候坐着坐着就睡着了，但她没有放弃，她相信即便是睡着了，在这样一个能量场中也能受益。就这么坚持了一年，她开始感受到变化。一开始是身体上的变化，她此前眼睛动过手术，恢复得不是特别好，加上坐月子的影响，眼睛会比较疲惫，总是下意识地眨眼，但静坐一年之后，哪怕长时间看屏幕、录视频，眼睛也没有不舒服。睡眠也得到了改善，能量提升后心胸开阔，晚上睡眠质量特别高，整个人身体被调节得很好，更有精神了。她回忆一年前的自己，无论是身体还是心态、心灵都得到了提升，变得特别自信，整个人状态完全不一样了。行动可以带来回报，通过这些亲身经历，这位学员感觉无比踏实，像是有人在背后支撑着她，让她不惧怕任何挑战。这个过程中，她的心定下来了，心定万事皆定。

佛陀曾说，现在的你是过去的你所造，未来的你是现在的你所造，提示众人要重视所作所为。很多听过我讲课的学员，接受过我咨询和帮助的人，最后都很感谢我，其实他们最应该感谢的是自己的行动和坚持。同样的课程和咨询，那些眼高手低的人，坚持不下去、提前退场的人，不会有收获和改变。

很多人想要重塑自我，提升生命势能，所以找到我，追随我，我觉得这是一种责任，所以对他们也是真心对待。我不管他们之前是企业老总，还是什么身份，一视同仁，统一严格要求。如果你不能放下架子，不能端正心态，做不到践行，那就只能对不起，请你离开。

2.2 做践行者，不仅是执行者

提升生命势能的过程是漫长而艰辛的，需要有信念和毅力，更重要的是坚定的行动力。纸上谈兵打不了胜仗，只想不做提升不了生命势能。关于行动力，大部分人谈的都是执行，而我认为更重要的是践行。

实行、执行、践行，看似差不多，内涵完全不同。实行和执行是按照别人的安排去做，践行是遵循自己的思维意识，按照自己的频率去做。实行和执行运用的是意识层面的能量，而践行运用的是潜意识中的能量。如果你的工作只是在实行和执行，那你就被别人掌控，你的工作只是混口饭吃，你实行和执行得再好，也只是一个打工人。当我们招聘员工，最看重的就是他能不能独立完成一份工作，甚至是独立去创造一份工作。社会上50%的人是打工者，70%的人是执行者，有的甚至连执行都执行不了。那些能自我践行的人，往往是创造者，在公司里可以独当一面，要么自己是老板，要么可以为老板撑起一片天。这种人不需要别人安排和约束，他们能把思想、行为和智慧合而为一，运用潜意识能量，提高生命势能。

优秀的员工都是践行者，一名优秀的员工可以顶50名平庸的员工。并不是说一个人可以做50个人的工作，而是他可以影响到很多人。优秀的员工只需要告诉他目标，他就会克服一切困难，创造条件，想办法达成。平庸的员工总是强调困难，抱怨缺乏资源。有践行能力的人会提前规划工作，而不是事事等老板吩咐。

经常有老板找我咨询，表达管理上的困惑，我告诉他们，很多问题本质上是践行不到位。老板们最头痛的问题之一就是CEO不给力，这些CEO擅长做计划，夸夸其谈，让老板迷失其中，但计划却总是落实不了。他们并非没有作为，也在部署工作，也在分配和安排下面人去执行，每天忙忙碌碌，但就是没结果，本质上还是做不到践行。很多管理者无法在思维意识上带动身边的人与他合拍，我称之为缺乏“合一”的能力，这也是践行的一部分。这些管理者把工作安排下去，却和手下没有心灵感应，思想没有沟通，思维意识没有合一，最终导致公司没有被盘活，CEO 被老板炒了鱿鱼，黯然下台。CEO 作为领袖，要有践行的能力，如此才能树立一个正确的榜样，散发出正确的频率，引领下属。

不论是商场、情场还是战场，都是同样的道理，能做到践行的始终是少数,他们也是最有魅力,最令人敬佩的人。我曾经说过,那些能控制住情绪，找到平衡点，做出对自己最有利选择的人是敢于践行的人,活得通透的人,伟大的人,也是一种高势能的人生。曾经有一位女士找我咨询，我预测到她丈夫在外面还有别的女人，她坦然承认了，这个女人是她丈夫生意上的伙伴。他们夫妻之间已经没有感情，所以她也不指望丈夫回心转意，她把所有心思都放在孩子身上，并且牢牢把控着家里的财政大权，对其他事情不闻不问。我知道她的这种做法会有人质疑，但这位女士敢于面对问题，找到问题的关键点、平衡点，并且能把自己的想法在现实中践行下去。单看这一点的话，她是一个了不起的人。

我曾经帮很多人分析为什么感情破裂，为什么离婚，如果当初按照我说的去做，不会走到这一步。但我也知道，即便再给他们一次机会，他们还是做不到，因为他们没有足够的能量，没有践行的能力。很多人光想不做，做了也坚持不下去。一般情况下，我都会让他们先按照我说的去实行和执行，然后做到自主践行。

有时候我会直接问那些迷茫的人，你想做哪类人？是想当一个执行者还是创造者，想当一个被执行者还是自我驱动者？有的人没有自驱力，驱动不了自己的思维意识和行为，这种人只能待在社会底层。他们的思维意识和行为无法协调一致，往往是心比天高，行为上毫无作为，这种人连执行者都不够格。但我们生活中偏偏有很多这种思想上的巨人、行动上的矮子。所以我经常提醒一些家长，不要光盼着自己孩子一帆风顺，什么都好，要适当打压他们，要让年轻人知道，你光有学历和文凭是不够的，你还要懂得践行。

第八章

增强感知力

第一节　认识感知力

1.1 感知力并不神秘

感知力是生命势能的体现，高势能人士往往拥有超出常人的感知力。所谓感知力，就是人们对未来可能发生事情的预测、预判能力，能帮助一个人提前知晓未来，做出有利决策。

感知力似乎很神秘，常人不可触及，其实并非如此。为了理解感知力是什么，我们可以从一些身边熟悉的事情讲起，比如第六感、直觉和梦见未来。

大家对第六感并不陌生，人们常会说女人的第六感很准。有的人早上出门前突然心里发堵，预感今天有什么事情要发生，结果当天确实发生了一些不好的事情，可能是丢了东西，可能是工作中犯错，甚至发生车祸，这种瞬间、刹那间的预感就是第六感。

第六感是源于我们内在的一股力量，这股力量是意识和潜意识通道中的能量，超出了日常经验，但还未达到潜意识的深度。一个人第六感是否准确，与他自身内在的清净有关。如果一个人内在比较复杂，欲望、贪婪、攀比心重，思维意识混乱，他的第六感准确率就会很低。第六感包括了直觉，比如我们到一个新地方去，一下子感觉周围的环境似曾相识；或者和某些人交谈的时候，感觉到他有点不开心；或者与爱人说话的时候，明明对方表情很自然，交流很顺畅，但霎时间感觉到对方有心事，这些直觉也都是第六感，是我们内在力量的一种体现。

第六感在感知方面比较初级，当第六感提升到更高频率，拥有更高的准确度，就成为感知力。可以说感知力是升级版的第六感，或者说第六感是初级版的感知力。感知力是人们对未来可能发生事情的预测、预判能力，主要包括感知他人和感知自己，比如感知对方的喜怒哀乐，感知对方将要发生的事情，感知对方最近的情绪状况，感知自己当下一些问题的走向，下一步应该怎么做，会不会顺利，等等。

感知力之所以比第六感更准确，是因为第六感运用的是意识和潜意识通道中的能量，而感知力运用的则是潜意识中的能量。身体和思维意识在放松的情况下，心无杂念，比较容易链接到潜意识，所以很多人在睡眠中思维会进入更高的维度，以梦境的形式预见到未来将要发生的事情，可能是未来几天，可能是未来一两个月，甚至是未来几年。曾经有人连续几年都做同样的梦，直到几年之后梦境成真。梦境的感知力精准度也因人而异，毕竟每个人的磁场振动频率高低不同，这和每个人第六感的准确度不同是同样道理。

梦境成真这种事情古今中外屡见不鲜。宋代大文豪苏东坡谪居黄州的时候，梦到与朋友参寥作诗，醒来只记得其中两句：“寒食清明都过了，石泉槐火一时新。”九年之后，苏东坡到杭州上任，在寒食节这天去拜访参寥，发现参寥住所后院真的有一股泉水，是刚刚凿出的新泉。参寥取槐木引火，烧水煮茶，招待苏东坡。苏东坡想起九年前梦到的诗句，感慨梦境成真，于是作诗一首，名为《参廖泉铭》，诗中赞叹：“真即是梦，梦却是真。石泉槐火，九年而信。”

国外也有很多梦境成真的记录，其中比较有名的当属林肯梦到自己被暗杀。林肯是美国历史上最有名的总统之一，曾经率领北方军取得南北战争胜利，废除奴隶制度。1865 年 4 月 1 日晚上，林肯做了一个梦，梦中他在一间房间中发现很多人围着一副担架在哭泣，而担架上躺着的居然是自己的尸体。林肯从梦中醒来，把这个梦告诉了自己的妻子。接下来的两天，他又跟身边的人提起这个梦。三天之后，林肯在一家剧院的包厢看戏，遭遇暗杀，他的那个梦成为现实，林肯提前感知到了自己的命运。

曾经有一位女士找到我，说是遵循梦中的指引来见我。原来她是我的老乡，梦中有人跟她讲，要去东南方向找一个姓路的人，结果第二天她在自己店里刷抖音，正好刷到了我讲课的视频，有人来店里买东西，听到视频中的声音，就说你也看路老师视频吗？她才恍然大悟，说这个人姓路吗，我不认识她，只是觉得比较亲切，感觉很有缘分。买东西的人就告诉她，这是路老师，还介绍了一下我的情况。这位女士联想到自己做的梦，觉得很奇怪，后来从网上查了一下我的资料，还跟人打听到了我家地址，果然是在她的东南方向上。她找到我之后，说是梦中有人让她来找我，没想到梦竟然是真的。但我对此已经见怪不怪，我知道这是梦中的感知力在发挥作用。

感知力并不神秘，但拥有感知力的人却并不多见。可能百分之七八十的人都拥有第六感，但能把第六感上升到感知力的人微乎其微。在过去和当下，感知力只为少数人拥有，但在未来，感知力将得到普及，成为人人具备的能力。人类历史在走过农业时代、工业时代、信息时代之后，将迎来以潜意识运用为代表的第四次浪潮，那时人们物质不再匮乏，更注重灵性的修炼，回归本我，向潜意识寻求智慧和能量，而感知力正是来自潜意识的能量，届时人人都将获得感知力。

1.2 抢占感知力高地

在过去和当下感知力只为少数人拥有，但这少数人却成为改变世界的核心力量。

感知力在科学家身上表现得最为明显，虽然说科学的进步离不开前人的积累，但很多发明都是具有开创性的，仿佛科学家的大脑中已经存在、感知到了这些东西，然后将其变为现实，改变了人们生活，提升人类幸福感。比如第一个发明相机的人，第一个发明 X 光片的人，第一个发明 CT 的人，以及发明 B 超、彩超的人，等等。文艺复兴时期的巨匠达·芬奇，后人从他的手稿中发现他设计过直升机、变速箱、坦克、潜水艇、降落伞、闹钟、自行车、照相机、起重机、温度计，他甚至还研究了一套心脏修复术，如果他的发明在当年能实现，人类文明将大大提前。毫无疑问，达·芬奇的潜意识开发程度肯定高于常人，是拥有感知力的高势能人士。

再比如很多企业家，他们的感知力都很强，很多细微的事情能比常人更早察觉，所以他们往往三力清晰，决策果断。倒退二十年，有几个人能预判互联网会如此发达，全方面占领人们的生活？人们不仅用网络办公、社交，还在网上消费和娱乐，但就是有那么几个人坚信这是未来的趋势，结果他们成为互联网巨头，家喻户晓。做生意需要超前的感知力，来判断哪个行业有前途，哪个板块值得投资。优秀的企业家感知力超强，如果他们和正常人一样，企业也就不会脱颖而出，他们也不会成功。正是因为他们跟别人不同，抢占了感知力高地，事事走在别人前面，所以才能取得成功。

如果人人都有了感知力，就能进行情感的近距离沟通，增进彼此的了解，这时候人们变得友善，没有太多隔阂。当你知道我能看懂你的时候，你在我面前就会少一些虚假，人人怀有这样的想法，社会将更加和谐。那些怕被人预测到、感知到的人，都是负能量太多、心怀诡计的人。真正坦坦荡荡的人不怕别人了解他，不怕别人读懂他，所以很多心怀诡计的人不敢到我面前来。

如果所有人都具有感知力，那人与人之间都将变得非常坦诚、真诚和自然。都说人生如戏，大家习惯了在生活中演戏，每个人都在扮演角色，如果人人都有感知力，那人们将摘下面具，打破虚伪状态。当然，每个人都有伪装的部分，都有另外的一面，但伪装也分善意的、恶意的，当你有了感知力，你就都能够读懂它们。各行各业的人来咨询我，我都能帮到他们，就是因为我能看到他们身上善的一面，并去挖掘、激发、放大这种善。

如果人人都有感知力，每个人的心都是从善根出发，他的品德修为就提升了，他的行为就友善了。大家的思维都在一个频率上，每个人争着做到最好，也就不会有人行恶，哪里还会有争斗。到那时，人与人之间将拉近彼此距离，释放人性的善，实现共创、共建、共赢、共和谐，那将是人类思维意识和文明的巨大进步。

感知力还能帮你深入了解对方。当你感知到对方不开心，就知道应该住口，不要再念念叨叨，更不应该辱骂嘲笑，满嘴脏话，出口伤人，而是多说良言，这便是口德；当你感知到对方开心，可以顺势多沟通一些事情，这种用心沟通、用心链接便是心德；当你能感知到他人的苦与乐，激发出人性中的爱和善心，日行一善，这便是性德。口德、心德、性德，我称之为三德，我常常要求学员们要有三德，这也离不开感知力的加持。

未来感知力将成为普遍的技能，这无疑将释放巨大的能量，影响到人们生活的方方面面，辅助人们生活得更加幸福，社会更加和谐，届时科学家、画家、作家、发明家处处皆是，高智慧、高智商、高势能人士将成为社会的主流。不过，在这样的未来到来之前，在趋势成为现实之前，谁能提前获得感知力，就能占领未来的高地。当下领先别人一小步，将来就会领先别人一个时代。

第二节　增强感知力

2.1 回归本我，激活感知力

感知力运用的是潜意识中的能量，人人都有潜意识，所以人人都有感知力。每个人身上都蕴含着巨大的能量和潜力，但人们对此总是认知不清。

四维空间比三维空间多了时间维度，如果能控制时间维度，甚至达到超光速便可进入四维空间。爱因斯坦四维空间的理论中，超光速会让时间慢下来，甚至时光倒流……光速每秒接近 30 万公里，一秒钟可以环绕地球七圈半，所以超光速听起来如此遥不可及。但很少有人认识到，其实人的意识可以超越任何速度。我有时候会让大家做一个简单的实验，来体验意识的速度：大家都闭上眼睛，在我的要求下依次想象自己家的客厅、北京的天安门广场、巴黎埃菲尔铁塔、埃及金字塔……每个人的意识瞬间便到达了这些地方，又瞬间切换到地球另一端，我们的意识绝对是超光速的。所以说，我们的意识能帮我们超越三维空间，进入四维空间，大家都具备这个条件，只是多数人不会使用这个能力，不懂得如何控制意识。人们的思维更多还是被无意识、下意识、纷乱的意识充斥，在生活中盲目打转。等站到四维空间，我说的“站在现在看过去，站在现在看未来”便会实现。过去、现在和未来在一条线上，像一条时间轴铺开在眼前，像一幅幅电影画面铺开在眼前，每个人的经历和思维也铺开在眼前，往左边看是历史，往右边看是未来，这种能力便是感知力。

人人都有感知力，关键是如何激活它。激活感知力的关键在于开发潜意识，回归本我。感知力运用的是潜意识中的能量，是潜意识智慧的一部分，是本我强大能量的体现。人类祖先原本运用的是潜意识中的智慧，处于本我的状态，只是随着思维意识改变，贪欲和私欲占据心智，很多人的心性在欲望中迷失，一些潜意识中的功能被蒙蔽或者遗忘，潜意识退化，本我被自我代替。潜意识革命便是引导人们去找回被忽略的那个强大的自己，回归潜意识，回归本我。当潜意识智慧被开发，人们便会拥有一种超越自我的智慧，这种智慧不是从书本上学来的，不是从生活中感受来的，而是发自内心深层的一种智慧。当一个人后天的智慧与本我的智慧打通，潜意识大门开启，便会三力清晰，思维意识增强，感知力提升，成就高势能人生。

当下社会中，人们对于感知力的研究和开发远远不够。归根结底，人们在运用潜意识能量方面还有很长的路要走。如今，随着心性衰退到低谷，越来越多的人意识到潜意识能量的强大，意识到心性修炼的重要，人类将重新关注当年老祖宗使用过的能量，回归本我，拥抱潜意识。人类正在踏上一条精神回归之旅，这个过程中感知力也将为更多人所掌握和拥有。

2.2 维持感知力

按照前文所讲，人人都有感知力，只是被后天的贪欲和私欲占据心智，心性在欲望中迷失，自我被本我代替，潜意识隐退，才导致感知力退化。有人会问，既然社会是个大染缸，是后天的经历造成了这种局面，那是不是与社会隔绝，不再学习，便能避免被负能量侵染，维持住感知力？有人问得更直接，说：路老师，您怎么看待学习中的利与弊？

首先，人一定要在社会中成长与发展，蜕变与重塑。感知力也好，潜意识也好，生命势能也好，都是为了实现幸福人生的工具，都是为了更好地生活。不能把目的和工具搞混淆，否则就是本末倒置，捡了芝麻，丢了西瓜。再说，一个人如果不去步入社会，怎么知道社会发展的状况，怎么判断自己的状态，做温室的花朵，固步自封，不可能得到提升。即便是那些顶级的发明创造，也不是凭空出现的，也是在前人认知的基础上探索出来的。只有更了解这个社会，才能进步更快，才能更好地展示开发潜意识、提升感知力的作用，否则做这一切是为了什么呢？

其次，不能拿少数天才的成就来对照自己。古今中外都有这样的天才，或天资聪明，或自学成才，或没有上学，但是很有天分，能链接到宇宙信息，在一些领域创造出普通人不可企及的成就。但是大部分人都是普通人，80% 的人都是靠学习来获得智慧。所以说，你要看下自己是什么状态，有多少能量。直白一点，你是天才吗？如果把高势能人生比作 100 层的高楼，在 100 层的高度上，就很容易链接到宇宙能量。但常人做出很大努力之后，也不过是从 3 楼升到 5 楼而已，所以要看清自己的位置，对自己有正确的认知。

再次，学习要灵活变通，不要狭隘地定义知识。伴随着科技的进步和发展，知识更新速度不断提升，还有一些知识在反复摇摆，今天研究表明某某物质对身体健康有好处，过两天又有专家出来说对身体不好。所以，要学习知识，但不要迷信知识，时刻谨记实践是检验真理的唯一标准。那些能帮到大部分人，在超过 50% 的人身上见效的技术，也是一种科学。比如，总是有人质疑传统中医，但每天都有很多中医在为人治病。也曾有人问过我，说路老师，你是怎么看到我身上的问题的？我有时候会给他们解释，也有时候会直接说不要管那么多，我能帮你解决问题就行。在我们现实生活中，能解决问题就是最有效的解释。

最后，进入校园、步入社会难免会让人接触到复杂的人性，但不能因噎废食，要时刻谨记学习的目的是什么，这个问题一定要搞清楚。我们学习是为了提高灵魂层面的价值，也只有这样才能学好。如果我们只是为了学习而学习，为了父母而学习，为了拿一个文凭而学习，为了自己的物质私欲满足而学习，这样无法传承文化，更谈不上提升灵魂。今天我们人类的文化已经产生了断裂，这个断裂很可怕，大家只为了当下，今天我要吃好喝好、我要当官发财，结果是侮辱了文化，成为一种恶性循环，这是当下的教育遇到的很大的瓶颈，需要研究怎样去突破。这方面古人做得挺好，学习文化是为了实现自我的价值，实现精神灵魂层面高度的价值，是时候该把文化回归文化了。

回归本我、回归传统不意味着要抵触学习、拒绝进步，这是一种愚昧的行为。增强感知力，开发潜意识，提升生命势能，重塑幸福人生的道路上，有效的方法都是好的方法，不要先入为主，误入歧途。

下面说几种关于维持感知力的具体情况：

双胞胎之间往往能感应到彼此，他们在灵魂层面是紧密相连、息息相通的，只是在母亲肚子里孕育的时候分成了两个独立的个体，但毕竟还是在同一个子宫里面长大，吸收着同样的磁场、营养和血液，血脉相通，所以他们心心相印，心灵感应特别强，磁场频率容易共振；一见钟情的人也是这样，两个人我也不认识你，你也不认识我，一见面思维意识居然能同频，瞬间产生链接，一见钟情。还有那种似曾相识的情况，两个陌生人第一次见面就特别亲，有人说感觉你就像我的姐妹，有人说感觉你就像我的妈妈，两个人像是老友久别重逢。我就经常遇到这种情况，很多人见到我之后说，路老师，看到你太亲了。有的人会拥抱我，感谢我，甚至直接哭出来，以各种方式表达这种感情，像是找到了亲人。从信息学的角度来讲，就是思维意识中的信息频率链接上了，产生了共鸣。

上面讲的这几种情况，心有灵犀的双胞胎、一见钟情的恋人、似曾相识的陌生人，都被视为有缘人，这种缘分背后是彼此间的感知力。缘分难得，缘分珍贵，但缘分也是脆弱和易失去的。双胞胎即便是一母所生，同样的环境中长大，后天的命运也往往不尽相同。一见钟情的恋人，起初情投意合，但往往不会维持太久，一段时间后，随着环境的变化、物质的变化、私欲的变化，行为随之发生变化，一见钟情的感觉也消失不见了。一见钟情的人即便走到一起，该分手的还是要分手，该离婚的照样会离婚。似曾相识的感觉就更脆弱了，随时烟消云散。

如何珍惜这种缘分，让彼此之间的感知力长期维持下去呢？关键在于两个人要相互引导，思维意识保持同频，具体包括：两个人要思想一起、心灵一起、行为一起，心态、状态、事态要一起，口德、心德、性德要一起，实行、执行、践行要一起……如此两个人才能达到我所谓的身、行、灵的合一境界，让这段缘分恒久。

感知力是生命势能的高级表现，是一种宝贵的状态，得来不易，却很容易失去，要懂得珍惜和维持好。

第九章
灵魂修行

第一节　灵魂修行是最高级的修行

1.1 灵魂决定生死

通常人们将生命从出生算起，随着一个婴儿呱呱坠地，一个人的生命就开始了，随着咽下最后一口气，一个人的生命便结束了。但我不这样认为，我认为生命拥有更深邃的含义，不能只从物理层面、生理层面去界定，大千世界、广袤宇宙之中，凡夫俗子的躯体不过是一个皮囊而已，重要的不是肉体，而是灵魂。一个人的肉体可能已经不存在了，但灵魂还存留在宇宙中，成为宇宙万象的一部分。所以，我认为灵魂层面的开始与结束才是人的一生。

首先，灵魂层面的生才是我们生命的开始。

男人女人交配，精子和卵子结合，3 个月左右胎儿初具人形，已经可以通过医疗设备鉴别性别。我认为胎儿 3 个月也是灵魂注入的时间，灵魂的注入将决定孩子出生之后的命运，如果这个阶段出现问题，孩子出生后脑瘫、智力障碍的概率将大幅提升，无法达到正常人水平。所以说，精子和卵子结合只能保证胎儿生长，但智力是否正常，能否拥有健全的思维意识才是关键，而思维意识源自大脑和灵魂的支撑。

其次，灵魂层面的消亡才是我们生命的结束。

2017 年皮克斯动画工作室出品的《寻梦环游记》取得巨大成功，赚足了全球人民的眼泪，影片中一位小男孩为了寻找梦想，意外踏入亡灵世界，与家族中逝去的长辈团聚，由此引出一系列感人的故事。电影中有一个理念让人深思与共情：一个人真正的死亡是被世间的人遗忘。也就是说，灵魂层面的消亡才是一个人真正的死亡。

我说过，如果一个人死后没多久就被人忘记，这种人的灵魂没有能量。如果我成立一所自己名字命名的学校，或者一所家园，无论是我的子孙后代，弟子和学员以及他们的后代，都可以在这个学校或者家园中继续学习，这样，即便我的肉体不在了，我的能量也会一直影响他们、教育他们、庇护他们，照样能带给他们能量，因为我的灵魂还在，一直看护着他们。人这一辈子，走着走着就老了，苍天不会因为你是谁不让你死亡。生命的本质很脆弱，我们无力让它长存永生，但我们可以在活着的时候给自己积功德、增加能量，让这些功德和能量流传百世，也给后代留些修为。中国有句老话，雁过留声，人过留名，我认为这是在提醒大家，一个人活着的时候要有修为，修福报、修功德、修能量，这样即便去世了，灵魂中的能量会一直存在，这就是我说的灵魂层面的修为。

人的肉体死后，灵魂还会长存，他的修为还在。一个人的名声，他的能量场，会长存在宇宙中。像那些伟人和圣贤，比如耶稣、佛祖、圣母玛利亚，他们的信徒总是能感受到他们，从他们身上汲取能量，这便是信仰的力量。有人说这都是假的，因为他从来没有感受到，那是因为他的能量场太弱，能量太低。也有人原本信耶稣，又转去信佛，我认为其实信什么都一样，关键是你思维意识的状态。我不排斥信仰，但相对于信什么，重要的是自己的状态，重要的是要在灵魂层面去修行。

1.2 修灵魂，链接宇宙智慧

开发潜意识，提升生命势能的最高境界是链接深层潜意识，链接宇宙智慧。深层潜意识承载了宇宙万象的能量，集合了宇宙中古往今来、世间万物和人类生生世世的信息与智慧。开发深层潜意识，需要灵魂层面的修行。

灵魂层面的修行，可以链接宇宙智慧，提取宇宙信息，与宇宙万象合一。我经常说一句话：宇宙即我，我即宇宙，天地人合一。我用这句话时刻提醒人们，我们和宇宙是同体的关系，外在的宇宙是一个大宇宙，我们人体是一个小宇宙。宇宙即我，我即宇宙，天地人合一是很高的境界，是能将所有信息融会贯通，为我所用的境界，如同掌握了一门可以同世界各地人们沟通的语言，一通百通。我到过印度，到过泰国，到过美国，去过很多国家，我不懂泰语，不懂英语，也不懂法语，不懂韩语，可是不管我走到哪里，不管当地人讲什么语言，我都能坐下来跟他们沟通，帮他们找到问题，解决问题，我觉得这就是宇宙全息，息息相通，紧密相连。就像宇宙中存在一种翻译各种语言的工具，我找到并运用了这个工具。

我曾经带领学员到美国圣多娜的山上接收宇宙能量，结果一位印第安人对学员们说，你们的老师能量非常强，是个高能量的人。下山后大家到店里去买水晶，卖家看到很多学员簇拥在我身边，也主动说你的能量太多了，自己用不完，你把多余的能量释放给了太阳和月亮。我笑着说，我把多余的能量都释放给了他们（学员）。宇宙万象包括了地球上的各种语言，汇总成为一种语言，即宇宙语。假设有外星人，我相信宇宙语也能用来和外星人沟通。

灵魂层面的修为才是真正的修为，才能链接宇宙智慧，获得生命势能。很多老板事业有成，却遇到瓶颈，无法突破；很多人有钱、有势、有地位，却精神迷茫，自我迷失。如果这种境况不能尽快得到改善，等待他们的往往是事业轰然倒塌，健康一落千丈，甚至有失去生命的危险。多少位高权重的人、富可敌国的人中途陨落，甚至英年早逝，这样的例子在我们身边和新闻中屡见不鲜。他们为什么会有这样的遭遇？如果只看他们的行为，有的人也经常做慈善，建学校、给家乡修桥铺路，也算是积了不少功德，为什么没有得到福报？世人只看到表面，没看到根本。很多人做慈善只是世俗地做，表面地做，发心不对。我说过心在哪，结果就在哪，这种做法灵魂层面并没有得到提升。

我不想攻击哪一部分人，抨击哪些现象，我只想提醒人们，修行要回归到思想精神层面，回归到灵魂层面。我经常说，古人秉承修身、齐家、治国、平天下的觉悟读书学习，修炼自己的心境，无论是做人还是做事都讲究提升灵魂层面的价值，立志成为圣人。今天的人们所思所想更多是为了物质欲望，为了思维意识和行为上的满足，少有人去修行灵魂层面的价值。就连做慈善这种行善积德的事情，都冲着现实回报去做，为了宣传自己，提高公司知名度，这样的行为不能称为真正的修行。

智慧女人也需要有灵魂层面的修为。我倡导女性要做一个智慧的女人，我们要展示出女人的魅力、女人的阳光、女人的气场、作为庇护家庭的女神的骄傲。我鼓励女性认识到自己的伟大和了不起，为家庭、为社会创造了巨大的价值是值得被尊敬的。同时，女性要尊重自己，内外兼修，不仅外在美，灵魂层面也要美，传播更多正能量，让父母健康长寿，享受天伦之乐，与孩子和谐相处，让他们得到庇护和爱。我相信在 21 世纪女人将和谐天下，在家庭和社会上发挥更重要的作用。

我曾经对智慧女人的标准有过这样的评价：一个女人真正的美丽不是青春的容颜，而是绽放的心灵。一个女人最美的是灵魂的气质，是内心的善良，而不是名牌 logo 堆砌出来的奢靡浮夸。女人最经得起岁月考验的是真实的自我，不随众的独立个性，不受外界影响的自信，以及高贵的灵魂。所以，灵魂里具有真善美的女人才是智慧的女人。做智慧女人，拥有智慧人生，实现自我价值，要提升精神层次，更要升华自己的灵魂。

我提倡修心、修身、修性，修性就是修自我内在的灵魂。灵魂层面的修行是最高级的修行，很多人可能一生无法触及，但要知道生命势能无止境，修行应当是一生的事情。

第二节　灵魂宝宝

2.1 给孩子种下宇宙的种子

今天的社会处于前所未有的巨变时期，科技进步，物欲横流，心性衰退，由此我经常思考：未来的世界会不会更加文明？文化将如何传承？子孙后代届时将如何面对？如果未来的世界不是一个更好的世界，我们今天坚守的价值观，那些延续千年的文化思想会不会继续传承下去？这是一个细思极恐的问题。我们不能袖手旁观，将问题留给将来的人去解决，这是不负责任的做法。开发潜意识，提升生命势能，这是我为这个时代开出的药方，以此引领众人思想，而这种引领，要从娃娃抓起。

首先，孩子代表着未来，是未来的希望。和谐社会、和谐世界的目标终将靠未来的人去实现，而孩子正是未来世界的主人。所以，我提倡家庭的和谐要从娃娃抓起，未来社会的希望要从娃娃抓起，引领和改变人的思维意识要从娃娃抓起。从小教育和改变孩子的思维意识，就是种下一颗优良的种子。这颗种子是有爱的，有能量的，有潜力的，具有宇宙般广阔和强大的能量，我称之为宇宙的种子。我们要给孩子种下宇宙的种子，引领他们的思想。

其次，孩子还没有受到社会污染，比较容易教育和改变。成年人的思维意识已经定型，想要改变比较难，人的时间和精力是有限的，无论是开发潜意识、提升生命势能，还是打造和谐社会，都是大工程，所以把精力放在孩子的教育上是最有性价比的。

有些家长和教育者喜欢说“这孩子就这样了”，我反对这种说法。我一直在孩子的课堂上强调，只要没有智力缺陷，只要灵魂没有问题，孩子都是聪明的，都可以培养成伟人、高势能的人。有个词叫“命数已定”，是说一个人的命是天注定的，但我不这么认为。命运是由“命”和“运”两部分组成，一个人的出生时间、生辰八字是定数，但他的这一生的“运”是可以改变的。运变了命也就变了，所以命运不是定数。我一直认为，万事万物都是一个演变的过程，人也是如此，孩子的思想和行为还没有定型，智慧还没有被家庭和社会环境彻底改变，拥有无限潜力和可能。

当今父母常用强压管制的方式教育孩子，这样只会让更多的孩子叛逆、孤僻、抑郁，甚至自杀。我认为，父母对孩子的关心不要总放在吃喝玩乐、学习成绩上，而是要关注与呵护孩子内在的灵魂，用慈爱的本我初心去链接孩子的本我初心，同频之后，会唤醒孩子潜意识里内在的力量，链接到孩子的思维意识，让他们由被动学习转变为主动学习。对孩子的教育不能只放在分数上，意识的引领、心灵的塑造、潜意识的开发、灵魂的修行更为重要。如果能做到以上几点，孩子的状态会发生翻天覆地的变化，各方面都会有实质的提高。如此一来，根本无需再给孩子报各种辅导班，把大家搞得都很累，效果还不好。

所以说，在前所未有的巨变时期，关注孩子的灵魂是一种责任，是一种拯救社会发展的手段，更是一种事半功倍的教育方法。

2.2 让所有孩子都成为灵魂宝宝

孩子的教育和改变可以上溯到胎儿时期。胎儿在母亲肚子里不断发育，从大脑到神经，从四肢到五官，逐渐成型，这个过程中灵魂也被注入。一个孩子出生时携带着多少能量，是否聪慧，主要取决于三点：一是父母的身体健康状况，二是精子和卵子的质量，三是在妈妈肚子里时的状态。第三点格外重要，所以女人孕期的状态很关键，包括身体的状态和思维意识的状况。

身体方面，孕妇需要多吃健康有营养的食物，适当锻炼，注意休息，保持一个好的身体；思维意识方面，怀孕期间一定要保持心情愉悦，不能发怒，不然会影响胎儿健康成长。有一部分孕妇调整不好心态，会出现假快乐、假平静、假开心的现象，后期很多发展成为产后抑郁症。当一个孕妇在孕期压抑情绪，孩子也会受到影响。

很多人在怀孕期间选择胎教，给宝宝读书、听音乐，与宝宝进行交流。医学角度来讲，孩子出生之前便具有了思维意识，所以胎教是有用的。

相对于传统胎教，我认为有一项工作更重要，那便是如何让孕妇和宝宝心灵沟通，因为妈妈的思维意识、潜意识将会影响到宝宝，所以他们需要灵魂层面的沟通。我讲过，一个新生命的孕育不仅需要精子和卵子，还需要灵魂的注入。

父母会将基因、血型甚至外貌特征遗传给孩子，这个大家都知道，很多人不知道的是，像性格、智商等内在的特征也会遗传。很多男女在备孕的时候调理身体，又是锻炼，又是改善饮食，又是注重营养，这都是身体机能方面的准备工作。我认为还要注重修为，因为妈妈身上的功德和能量也会传递到孩子身上。所以我提醒孕妇要注意当下的修为，口德、心德、性德，心合、行为合、意识合，无论是做人还是做事都要注意，提高生命势能，如此气场和能量便起来了。修为达到一定高度，便能将能量输送给宝宝。

对那些孕育着宝宝的母亲，我会教她们如何提高生命势能，她们生出来的孩子我称之为灵魂宝宝。从业 30 年来，这些灵魂宝宝最大的已经 20 岁了，也有的刚出生，他们都被种下了宇宙的种子。我会持续关注他们，往高势能人士的方向培养他们，践行我的目标。

普通人更相信眼睛看到的，所以更注重表象，这是人的局限性，再深奥的道理也需要通过表象来认识。所以我说，人活着就是要做表象，不做表象支撑不下去，比如我会鼓励人们去赚钱，大家都好起来，因为这样的表象能被大部分人理解，他们内心深处的问题也随之化解。关于提升生命势能从娃娃抓起，关于孕妇向胎儿输送能量，现实中我很少提及，我更多是叮嘱孕妇吃好、睡好、休息好，有一个好心情，通过这些表象来践行我的理念。但也正是在这个过程中，妈妈和胎儿之间能量场在聚集和传递，思维意识里的能量在相互作用和影响。

我相信这个话题 10 年、20 年后会更加普及，或许本书出版 30 年、50 年后才能被更多人认可，我的眼光放得很长远，看的是未来。而未来是属于孩子们的，所以我们要将更多的精力用于培养孩子。

第三篇

生命势能开启人类大未来

第十章
赢得未来：
时代大变局下的选择与努力

第一节　时代召唤新思想

1.1 时代召唤新思想

旧方法解决不了新问题，走老路到不了新地方，当下社会处于前所未有的物质繁荣与心性衰退时期，我们面临的不是几个人的问题，而是一个时代的问题。可能有人会说，我不想考虑别人，我的能力只允许我解决自己的问题。但每个人不是孤立的，总有家人、朋友、同事需要相处，时代的困境下个人是无处躲藏的。

读史明智，鉴古知今，古人如何处理时代困境，尤其是心灵危机呢？公元前 500 年前后，人类遭遇时代巨变和心灵危机，西方出现了苏格拉底，东方出现释迦牟尼、孔子、老子，他们有的是宗教领袖，有的是思想巨人，影响了人类两千多年。如此多的伟大思想家在同一时期横空出世，历史将这一时期称之为“轴心时代”。时至今日，这些安抚人们心灵的思想和方法正在慢慢失效。

回顾两千多年前的思想经典，无论是西方哲学，还是佛教典籍，以及儒家、道家思想，在今天要么成为学术作品，供一小部分人研究，变得十分小众；要么纯粹成为信仰，信徒烧香磕头，祈求神灵保佑，完全把自己托付出去。总之，过去两千多年行之有效的那些方法，对当下人们的影响越来越小。不过，话说回来，就算是把释迦牟尼和孔子请到今天，他们对当下社会中无限膨胀的贪婪和欲望估计也会大吃一惊，不敢说有100%的信心化解。《论语》中主要是收录了孔子平时的讲话，对弟子疑惑的解答，佛经中也有很多释迦牟尼对弟子们的开化和教导。圣贤们在对话中不断强调自我约束，消除贪欲，拒绝诱惑，坚守本心，可人类社会任何一个时代的物质之丰富、贪欲之强烈、心灵危机之严重，都无法和当下社会相提并论。当今人们的贪欲和私心也绝对不是他人的几句开导，或者凭借个人的自制力便能约束得住的。

总的来说，当下人们面临的环境和个人需求已经发生了改变，这种变化导致大家的心理需求已经无法从历史方法中得到满足。人类进化和发展到了新的阶段，人们也在期待新文化、新思想的出现。我在开篇说旧方法解决不了新问题，走老路到不了新地方，那新文化、新思想就是新方法、新道路。**开发潜意识，提升生命势能，这是本书的主题，也是我为当下人们的精神困境找到的新方法、新道路，开出的新药方。**

开发潜意识，提升生命势能作为新思想具备了以下四个特点，这是经过我 30 年实践验证过的。

第一，新思想符合当下社会特点，符合人们普遍需求。

新思想必须是大众的，而非小众的，不偏向于某个国家、某个种族、某种信仰，要适用于整个人类。比如，新思想从人类的欲望出发分析、解决问题。欲望是人类进步的动力，但过度的欲望是禁锢人类心灵的牢笼，阻碍人类获得更高智慧和能力的枷锁，是困扰每一个人的问题。所以，从欲望着手，便抓住了每个人内心的诉求。再比如，新思想将改变人们的思维意识作为主要手段，只有引领人们的思想，才能改变当下的局势，只有改变人们的思维意识，才能改变一个人的势能，这些理念和方法适用于每个人。

第二，新思想具有科学性，经得起推敲。

一些前沿的理念如果不能详细阐述，云山雾罩，会让人觉得玄之又玄，甚至有些迷信。所以，本书注重科学语言的使用，让很多看似无法解释的现象有了科学的呈现形式，增加了可信度，让更多人接受。比如，在介绍能量的存在形式和传递方式的时候，引用量子力学以及量子纠缠；比如讲述负宇宙信息的时候，将信息分为有形的信息和无形的信息，即负信息；比如讲潜意识的时候，将潜意识划分为三个层次，每个层次对应不同的能量；等等。

第三，新思想通俗易懂，利于普及。

一个理念如果具备哲学性、科学性，但不具备通俗性，便无法普及下去，服务大众。很多理念太学术、太抽象，我便将它们显像化，比如将潜意识三个层面的能量具体对应到我们身边不同的现象，大家可以对号入座，方便理解；比如我在日常授课和咨询的时候很少引经据典，和不同人打交道会采取对方最能接受的方式，甚至有时候会当头棒喝，直指人心。

第四，新思想具备实用性，实操性，可验证，令人信服。

新思想是用来指导人们生活，增进和谐，提高生命势能的，不是象牙塔里面的学术概念，所以必须具备实用性。比如在帮助需要的人调频链接能量的时候，我只有一个目的，就是给他们以方向、目标，让他们有动力去生活，起码能找一份可以解决温饱的工作，不要啃老，坐吃山空，这都是非常接地气的。关于实操性，书中也有非常详细的介绍，大到如何调整自己的思维意识，小到如何调整呼吸，如何静坐，让自己迅速专注。我深知，和谐社会、和谐世界只是目标，想要实现靠的不是喊口号，而是帮助一个个具体的人，引领他们的思想，帮他们走出困境。宇宙能量是无形存在的，也是需要努力才能获得的，只有让更多人信服，他们才会沉下心去获得这些能量，去改变自己，重塑自我。如何令人信服？这就需要新思想给人带来切实的改变和提升，有实际效果，经得起验证。我的做法是少说多做，用实践去证明。过去30年我一直在身体力行，用一个个实际案例去证明，去传播，去教育和改变人们，结果证明这条路是正确的。

时代在发展，文明在进步，人们面临的问题和困境也在升级，开发潜意识，提升生命势能是我为这个时代和未来开出的药方。因为过去30年帮到过很多咨询者，有人觉得我像一个“医生”；因为过去30年开过很多课程，举办过很多讲座，有人觉得我像一位“教授”；更多普通人因为被理解、被帮助，走出自我，找到幸福，而激动地称我为“路菩萨”。我告诉他们，我只是一个普通人，能帮到这么多人，是因为我看到了当下和未来人类心灵的问题所在，并找到了一条行之有效的道路，每个人都本自具足、可以实践的道路。那便是开发潜意识，提升生命势能。在我看来，这就是时代呼唤和需要的新思想。

1.2 人类文明将走向何方

开发潜意识，提升生命势能，这是充满心灵危机的当下社会需要的新道路。当下的人们不仅要与物质繁荣、欲望膨胀、自我迷失作斗争，还要面对科技迅猛发展带来的巨大挑战，尤其是人工智能（AI），让人不禁感慨，人类文明将走向何方。

根据目前情况，我推断未来人工智能的发展将呈现出三大特点：智能化、普及化、独立化。

首先是智能化。近年来，以 ChatGTP、脑机接口等为代表的技术突破令人瞠目咋舌，人类发展至今积累的所有知识被一个软件迅速掌握，人工智能成为全世界最博学的“人”，无数程序员、设计师的工作被软件替代。随着应用范围的扩大，更多人的工作岗位岌岌可危，朝夕不保。而且，这些技术还在不断升级，不断进化，没有人知道它们的上限在哪里。这种巨大的未知将为人类带来福祉还是灾难？这将是一个涉及我们子孙后代的严峻话题。

其次是普及化。目前机器人已经非常普遍，无论是家用的扫地机器人，还是流水线上的工业机器人、医院里的医疗机器人，都已经司空见惯。我相信未来每个工厂、医院和家庭都会拥有智能机器人。当人类的知识和文明可以被机器人瞬间掌握，孩子们是否还有动力和必要去日积月累地学习？如此下去10年、20年、50年，机器人是否会拥有人类的大脑和思维，获得人类的智慧，成为这个世界的主宰者？而人类会不会成为机器人的宠物和玩偶？如此一想，实在是太可怕了。

最后是独立化。人工智能的起步非常高，因为它们的研究者和创造者本身就是人类最顶尖的科学家，他们将人类的智慧注入人工智能系统中，此外人工智能在不断进化，甚至已经开始拥有自己的性格、独立的思考能力。我相信，人工智能将来会摆脱人类的控制，自己生发智慧，依靠太阳能、风能等宇宙能量自我充电，无需人类来维护，甚至机器人会自己生产机器人，完成自我繁衍。届时，人工智能将迎来大爆发，人类将难以掌控它们。

我的推测可能有些危言耸听，但这将成为未来每个人都要面临的问题，当80%的工作岗位被人工智能和机器人取代，被取代的人该把自己摆到一个什么位置？到那时候，人类存在的意义是什么？人类文明将走向何方？

如何应对这种挑战，我认为关键在于认清两者的不同。人类其实很脆弱，肉体上面临着生老病死的考验，寿命是有限的，每个人来到这个世界上都要从0开始学习积累，慢慢成长。而人工智能没有生命的局限，并且从诞生起就汲取了人类最高的智慧。人类还饱受欲望的困扰，多数人一生都在追求物质和身体层面的满足，有欲望就有争斗，就有战争。人工智能则完全没有这样的烦恼，它们不追求物质的满足，目标性和执行力极强。最重要的一点，普通人一生都在用思维意识思考问题、处理问题，而创造人工智能的科学家和精英们智慧超越常人，是高势能人群，运用的是潜意识中的智慧，这些智慧被他们注入人工智能，造就了高势能的人工智能。

综上所述，人类如果想与人工智能较量，去比拼体力、记忆力、算力……都是没有优势的，好比一个人力气再大，也比不过机器。所以，我们要跳出当下物质层面的束缚，摆脱惯用的思维意识，运用潜意识中的智慧，这个维度才是我们人类独有的，最大的优势。人工智能可能会拥有智慧，但不会拥有灵魂，所以我们要把修行提升到灵魂层面。

举个例子，科学家设计出了机器人，科学家身上的磁场频率也会输送到机器人身上，每个科学家状态不同，修为不同，良知高度不同，善根不一样，那制造出来的机器人自然也就不一样。久而久之，就会成为性格和品德不同的机器人。人的思想会影响机器人的思维和行动，所以我们要改变人类的思维意识，开发潜意识中的智慧，并且要从娃娃抓起，这样将来人人都是友善的、有爱的，回归了本我心性，有良知的，生产出的机器人也将是善良和有爱的，不用担心被它们伤害。

正是看到了这一点，这么多年来我全身心投入，一直践行的就是改变当下人们的思维意识，唤醒人们的潜意识，以此来改变我们的行为，让我们的本性、善根和爱都充分绽放出来，让每个人用潜意识中的能量去做事，提高生命势能，去生活，去实现自己的人生目标。实现这一点，你就能超越当下的人，不惧未来任何新技术的挑战，实现自己的梦想，成就幸福人生。

每当看到那些只有几岁的小朋友，我就会想他们的未来将走向何方？这成为我做事情的核心考量和目的。我的着眼点不在当下，而是站在当下看未来。如果我们不想输给人工智能，那就去改变心性，改变思维模式。很多父母来到我面前，说让孩子学这个，学那个，我会直接告诉他们没有用。很多父母会不开心，他们原本以为我会跟他们一起说服孩子，但我更强调的是要走入孩子的思维，链接孩子的意识，这样才能改变他们。我的着眼点始终是如何改变人类，关注的是更本质的问题。

当然，新的挑战往往意味着新的机遇，人工智能是宇宙和人类进化的产物，有它存在的道理。我们防范人工智能，但这并不意味着我们要排斥先进技术，不能因噎废食。我一直说潜意识在将来会成为一门显学，这一点的实现很可能就会借助到人工智能。到那时，人的大脑与人工智能链接，今天不易被察觉和领悟到的潜意识状态会被人工智能全部显现出来，潜意识将被更多人熟知，成为一种客观现象，不再被质疑。这将是人类科技文明的一大跨越式进步。

我也曾经跟身边的人讲过，我有一个心愿，希望将来自己的灵魂和思想也能传输到人工智能身上。那时候我的肉体已经不存在了，但我的灵魂、思维、智慧和能量被保留下来，通过人工智能复制成为一个个小路侠，继续传播我的爱，并不断传承下去。

到那时，人工智能的系统就是我的大脑，线路就是我的血液和神经，我只不过是换了个躯壳而已，就如同换了一身衣服。物质上的我不存在了，但精神上的我依旧会引领很多人，这将是莫大的成就。

所以，无论人类文明走向何方，只要坚信开发潜意识，提升生命势能，只要走在新思想正确的道路上，到什么时候，我们都将是自己人生的主宰，都将是这个世界的主人。

第二节　一路虔行

2.1 我的发心：唤醒与传承

关于重塑自我，获得幸福生活的秘诀，关于开发潜意识，提升生命势能的道与术，关于人类的弊端以及将来走向何方，我们已经讲了不少。都说人生就是一场修行，但我相信，即便是同样的学习条件下，同一个老师教出来的学生，也只有一部分人能成事，还有一部分人一事无成。这种人与人之间的差别到底是什么？是天分，还是努力？我觉得最重要的是发心。

同样的事情，同样的方法，发心不同，结果不同。比如让一个人哭出来，发泄一下。我经常跟咨询者聊天，链接到他们痛苦往事的时候，很多人也会大哭一场。但我相信，同样是哭，眼泪中蕴含的负能量是不一样的，效果也不一样，原因便是助人者的发心不同。

很多人做事情的发心就是为了赚钱，打着各种幌子，帮人规划人生，获得健康和财富，借此敛财。我不否认赚钱是生活的基础，我也鼓励人们先把自己的生活水平提高，毕竟活在人世间要有经济和物质支撑。但君子爱财取之有道，赚钱是我们做正确的事情得到的回报，而不是不择手段达到的目标。

名和利，欲望和贪婪，这都是人性，我的发心便是建立在对人性的了解上。我知道很多人做事情就为了混口饭吃，所以我不会去跟他们计较，甚至面对一些伤害也能一笑了之。我也劝一些富人、企业家不要与普通人争利，给每个人留出生存空间；我知道有人的地方就有争斗，所以我不参加任何组织，不混圈子，主动避开矛盾，省下的时间可以帮到更多人；我知道一个人无论信仰什么，都会有痛苦和悲伤，但各种信仰都是教人向善的，不同信仰的人对和谐自己、幸福家庭的向往是一致的，所以我能让自己融入各种人群中，理解他们，并得到他们的信任和接纳；我知道改变看问题的视角，便能得到不同的结果，所以我学会了换位思考，理解他人，做到我即众生，众生即我，没有分别心，不歧视他人。当我站在世界的角度看待人类问题，看待当下问题，便领悟了地球村的含义，各个国家、各个种族的人都应当团结一致，一视同仁，不应该有分别心……这都是人性。

正是因为了解了人性，我知道人类会为了争权夺势自我毁灭；正是因为了解人性，我知道多数人处于混沌状态，只有少数精英能看清前方的路，不断腾挪转移，为自己和后代寻求更稳定的生存环境；正是因为了解人性，我知道如果不能改变思想，到哪里都得不到想要的安全感；正是因为了解人性，我知道财富和资产不过是过眼云烟，思维意识躺平后终将失去一切；正是因为了解人性，我为孩子的未来担忧，为人类文明的未来担忧；正是因为了解人性，我知道必须号召大家一起，突破当下的生活，回归做人的根本，回归到本我中去；也正是因为了解人性，看透了人性，我对自己有更高的要求，我有更大的梦想和理想，我要用自己的方法，走自己的道路。**我很清楚自己想要什么，我要的不是名和利，**

我要去唤醒更多人内在的力量，引领更多人触摸潜意识的智慧，并把这件事情传承下去，这便是我的发心。

潜意识是一个庞大的话题，绝非一本书能讲透，可能10本书也讲不完。所以本书只是一个工具，旨在唤醒人们认清社会的现状，引导人们触摸、感受到潜意识智慧。因为现实中能运用潜意识智慧的人太少了，人们需要引领，让他们触摸到，眼见为实，这样才能发生改变。同样的道理，我做的课程、举办的讲座、组织的活动，以及别人给我拍的电影、写的剧本，甚至我本人，都是一个工具。我用这些工具来展示自己能做什么，能给人类带来什么，以此更好地引领大家进入潜意识智慧。

我要让大家认清这些问题，我要传承这种认识，传承我提出的新思想，传承我发现的新道路，即开发潜意识，提升生命势能。我创作本书的发心也是为了这种传承，但我不求当下就获得理解。我相信20年、30年、50年或100年后，人们会慢慢理解、验证这些问题和话题。到那时候，人们会发现，原来人类拥有如此强大的能量，并且早在多年前就被路老师和她身边的人发现、记录下来，并应用到了当时的生活实践中。这就是我当下做的事情，一件很难但必须去做的事情，这就是我的发心。

2.2 我的使命：生命不止，奉献不息

全书行文至此，已经接近尾声，最后我想谈一下自己从业多年的经历及感受，让大家更好地彼此了解，促进对于书中内容的

理解。

先谈下我的梦想和理念。我从事这份事业已经 30 多年，坚持以“和谐个人、和谐家庭、和谐社会、和谐世界”为总体方向，制定了“成就百万企业家，创建百万和谐家庭”的口号，因为企业家是社会发展的推动力，家庭是社会和国家最基本的组成单元，是个人精神和身体的归属，所以企业家和家庭是和谐社会、和谐世界的关键。

我奉行的理念是：地球村，一家人。全球化的今天，世界各地近在咫尺，寰球同此凉热，我相信无论一个人属于哪个民族，有什么信仰，大家都面临同样的困境，我能解决此地人的问题，便能解决其他地方人的问题。就这样，我从老家走出山东，走出中国，走向国际。最近十几年，以中国为根据地，不断在国内外授课、咨询，耕耘开拓。我要把我的理念和方法传递给更多国家和地区的人，传递给更多种族的人，让更多人明白活着的道理是什么，如何修正自己，如何获得和谐的事业、和谐的家庭。

以上便是我的理念和梦想，是我 30 年来艰辛奋斗的目标。我曾经认真考虑过，自己到底能做多少事，能帮到多少人。按照咨询者数量和授课排期推算，过去 30 年间我帮到了很多人，这是第一个让我感到小有成就的事情。如果我继续奋斗 30 年，又可以帮到不少人，这是第二个可以让我自豪的事情。六十年一甲子，等到那时候，我最早帮助过的人，可能他们的孩子，他们的孙辈也都接受过我的帮助，有的人家里好几代人都咨询过我，都曾受益于我的教导，这是第三个值得骄傲的事情。如此算来的话，成就百万企业家，创建百万和谐家庭不是一句空口号，是可以实现的。

我经常思考如何帮到更多的人，可毕竟人生短暂，还要扣除睡觉和吃饭的时间，所以时间是永远不够用的，必须变通。这时候我才发心走上讲台，借助网络，开始出书，用渠道的力量去影响、改变和帮到更多人。我以前对这些行为是存在偏见的，我认为做广告就是吹捧和宣传，只有那些没有真才实学的人才需要做广告推广自己，我更信奉的是“小米加步枪”，一个一个地帮助那些活生生的人，和有需要的人站在一起，这样更加务实。后来我的想法转变了，与其影响一个员工，不如影响一个老板，可能这个老板手下就有一万名员工，这样帮到一个人就能帮到一大群人。思想转变，格局打开之后，我开始重视渠道。

我经常到世界各地，遇到很多有意思的事情。一次我带学员们到印度游学，到了一座有上千年历史的寺庙中，当地人围过来，趴在地上摸我的脚。我听不懂他们说话，翻译说这是当地人最高的礼仪，他们说我是高人。那是我第一次去印度，一起去的学员看到之后很惊讶，因为在异国他乡，谁都不认识我。我只能解释为他们感受到了我身上的能量场。有些交流是不需要用语言的，正如能量的传递依靠的是磁场频率。平时很多人给我发来祝福的信息，哪怕不是逢年过节，没什么重要事情，也都愿意找机会见我一面，或者聊上几句，他们为什么会这么做？我只能理解为他们得到过我的帮助，认为我是一个有能量的人，不仅自己有能量，还帮他们链接能量。我就相当于一个宇宙能量的中转站，我把宇宙能量转发给了他们。

我并非完人，甚至连日常生活中很多家务活我也做不好。我有三个孩子，更多是家人和身边人来帮我照顾。我是农民的孩子，起点很低，我没有当过老师，不是医生，也不是科研工作者，但很多人遇到了困难还是愿意咨询我，愿意到我这里来寻求一个答案，这是为什么？因为我有擅长的事情，我擅长帮助人们开发潜意识，提升生命势能，以及链接宇宙信息，运用宇宙能量，这让我可以帮到很多人，这是我的特别之处。我最早从事这个行业，帮助人们解决问题的时候，就知道什么是能量，会运用能量。但我也告诉那些人，我只是能量运用的先行者，每个人经过学习和修行，也可以掌握如何运用能量，提升生命势能。

关于我是能量运用的先行者，有一件事可以佐证。早在 20 世纪 90 年代，我便开始使用这些概念，比如：宇宙智慧、宇宙万象、正能量、负能量、负宇宙能量、宇宙能量合一、宇宙信息、负宇宙信息、负宇宙信息学、能量智慧、灵性能量，归元能量、启源智慧、灵性智慧、灵性智慧学、凌空智慧学、宇宙能量合一道、路侠潜意识……在当时，这些概念的提出、使用都是早于他人的，当时还进行过商标注册。

本书的创作与推出，我的着眼点仍旧是未来，我已经接受了自己先行者的定位，我把自己的理念讲出来，把自己的态度拿出来，既要帮到当下的人，但也不执着于寻求当下的认同，这本书不仅是给当下人看的，也是给未来的人，给后人看的，很多理念和观点历史自然会证明，如同我 30 年前提出的问题和概念在今天得到验证与普及一样。

生命势能无止境，修行是一生的事情，过去 30 年我一直在用自己的行动去践行。关于未来，我仍将带领大家继续践行，一句话总结：生命不止，奉献不息！